키워드로 살피는 안전

키워드로 살피는 안전

초판 인쇄 | 2023년 4월 25일
초판 발행 | 2023년 5월 1일

지은이 | 박종진
펴낸이 | 이동주
펴낸곳 | 조은글터
등 록 | 제395-251002006000001호 (2006년1월2일)
주 소 | 경기도 고양시 덕양구 화중로104번길 28
전 화 | 010-3390-1417
팩 스 | 0505-390-1417

ISBN 979-11-89656-39-3   03000

정가 15,000원

키워드로 살피는 안전

박종진 지음

조은글터

지은이 소개

古山 朴宗眞(박종진)

대학교, 대학원, 협회 등에서 기계, 안전, 수학, 인문학 등의 공부를 하였으며,
안전관리 자격 등 가지고 있습니다.
토목, 건축, 플랜트, 제조산업 현장에서 안전 및 공무관리 등의
업무 경험을 쌓았습니다.

마중글

　낮은 재주로 활자공해에 동참하지 않기를 바라며 진솔하게 글을 썼습니다. 이는 학문적 접근보다는 순전히 안전에 대한 생각과 경험 그리고 밑바닥의 얕은 지식을 모두 끄집어 내어 선보입니다.
　초심자에게는 안전철학 내지 안전가짐에 조금의 도움이 되기를 바라며 안전에 몸담고 있는 사람에게는 가벼운 에세이를 읽는다는 마음으로 접근해 주시기를 바랍니다.
　못난 재주로 쓴 글 *河海之心*으로 받아주시길 바라며 끝으로 쓴 말, 단 말 마구마구 달아주세요

2023. 春
小生 올림

일러두기

1. 『'안전'하는 사람(들) 등』은 산업안전보건법 등에 명기된 '안전'과 관련된 者의 통칭(총칭)임.
2. 한자표기는 '한글(한자)', '한자(한글)', '한자 한글', '한글 한자', '한자'로 하였습니다.
3. 본서에 있는 일화 등은 '안전가짐'을 강조하기 위한 하나의 방편이며 그 외 그 어떤 폄하의 의도가 없음을 공지합니다.
4. 문장, 문맥 등에서 다소 매끄러움이 떨어짐을 슴슴한 글맛이라 여겨주시기 바랍니다.
5. 기능교육, 지식교육, 태도교육 중 태도교육의 일환으로 "안전가짐"을 本書가 추구합니다.

차례

숲의 글 (총론)

1. 목숨을 초개草芥와 같이 생각하지 않으면 해병대 하지마라 — 15
2. 야구는 9회말 투아웃부터 한다. — 17
3. 봉오동 전투 — 18
4. 道可道非常道 — 19
5. 位相空間 — 20
6. '안전'에 정답이 있는가? — 21
7. 민법과 안전 — 22
8. 권투선수의 필요충분조건은 맷집, 펀치력, 스피드 — 24
9. '안전사고'는 우연성 또는 필연성으로 발생한다. — 26
10. 공학이야기 — 27
11. 안전작업함수 — 28
12. 날씨와 안전 — 30
13. 頓悟漸修, 頓悟頓修 — 31
14. 작업공동체, 안전공동체, 경제공동체 — 33
15. 법과 안전 — 34
16. 鎭管體制, 制勝方略體制 — 36
17. 작전에 실패한 지휘관은 용서가 되지만, 경계에 실패한 지휘관은 절대 용서가 안된다. — 37

18. 축구의 어드벤테이지 — 38
19. 실용신안과 안전 — 39
20. 인권을 넘어 동물복지 — 42
21. 소 잃고 외양간 고치기 — 43
22. 산업안전을 넘어 사회안전으로 — 45
23. 감성안전(感性安全) — 47
24. 모자와 안전모 — 49
25. 예방 안전, 예방 정비 — 51
26. 현시적 안전(위험)과 잠재미래적 안전(위험) — 53
27. 人事가 萬事다 — 55
28. 牛步萬里 — 56
29. 지역 방어, 대인 방어 — 57
30. 혼을 담는 시공 — 59
31. 生而知之, 學而知之, 困而知之 — 61
32. 上善若水 — 63
33. 인간관계와 안전 — 65
34. 안전규정 과연 무엇인가 — 67
35. 所以然과 所當然 — 68
36. 안전과 서식 — 69
37. 작업경험과 안전 — 71
38. 안전에서의 경직성, 유연성 — 73
39. S-P 곡선 — 75
40. 農者天下之大本也 — 77
41. 스타일의 전략 — 79
42. 서민코스프레 — 80
43. 生生之道 — 81
44. 삼위일체 — 83
45. 가장 안전한 상태(행동) — 85
46. 안전 설계기법 — 86

47. 話頭(화두) — 88
48. 동초, 입초 — 90
49. 안전은 "쇼"다 — 91
50. 전쟁터에 가는 병사의 마음가짐 — 93
51. 안전과 숫자 — 95
52. FM위에 AM이 있다 — 97
53. 인간실수와 안전 — 99
54. 군대스리가 — 101
55. 소크라테스 교육법(대화법) — 103
56. 안전의 불확실성(?) — 105
57. 산업현장의 은어과 안전 — 107
58. 생활안전, 사회안전, 산업안전 — 109
59. 사과를 먹는다 그 이유는? — 110
60. 此獸若除 死卽無憾 — 112
61. 안전의 확장성, 융합성 — 114
62. 순자 성악설, 맹자 성선설 — 115
63. 안전의 역설(확률의 역설) — 116
64. "안전제일"이 제일 싫다 — 117
65. 군 조직(學)에서 찾는 안전 — 119
66. 절차법인 형사소송법 — 121
67. 농작물은 농부의 발걸음 소리에 자란다 — 122
68. 질량보존의 법칙 — 123
69. 피로파괴, 피로강도, 피로안전 — 124
70. S-P곡선의 포지션별 사례 — 126
71. 過猶不及 / 易地思之 — 128
72. 斯文亂賊 — 130
73. 3초 멈춤운동 — 132
74. 술과 안전 — 134
75. 「文心雕龍」이 책은 동양문예학의 최고봉이다. — 136

76. 助長 — 138
77. 두 마리 토끼 잡기 — 139
78. 풀뿌리 산업(뿌리 산업) — 141
79. 孔子의 怪力亂神 — 143
80. 단추 잘못 잠그기 — 145
81. 안전과 용어 — 147
82. 읍참마속(泣斬馬謖) — 149
83. 안전의 풀뿌리, 안전감시단(인) — 151
84. 그림문자, 안전표지판 — 152
85. 안전 보호구 등 — 153
86. 3·4원칙(원리) — 155
87. 恒在戰場 — 157
88. 검은색 양과 흰양 — 158

나무의 글 (각론)

① 들어가는 말 — 161
② Lo To — 161
③ 접촉, 흡입, 중력(균형) — 162
④ 기계, 전기, 화공, 건설 — 162
④-1 기계안전 — 162
④-1-1 기계안전 위험 포인트 — 162
④-1-2 위험포인트에 대한 안전화 방법 — 165
④-1-3 기계장치·장비의 안전화(점검) — 166
④-2 건설안전 — 167
④-2-1 건설안전의 총괄적 이해 — 167
④-2-2 건설안전 위험 포인트 파악(개설) — 168

④-2-3 건설기계 등의 안전화 방법(점검) ― 170
④-3 화공·전기안전 ― 171
④-3-1 화공안전의 위험관리 ― 172
④-3-2 전기안전에 관한 이야기 ― 173
④-4 공종별 안전 알아보기 ― 175
④-4-1 비계작업 ― 175
④-4-2 밀폐작업 ― 176
④-4-3 고소작업 ― 178
④-4-4 용접작업 ― 180
④-4-5 지게차 작업 ― 182
④-4-6 로봇 작업 ― 183
④-4-7 양중/하역 작업 ― 185
④-4-8 안전장치 ― 187
④-4-9 화기 작업 ― 187
④-4-10 중량물 작업 ― 188
④-4-11 화학물질 작업 ― 191

숲의 글

총론

1. 목숨을 초개草芥와 같이 생각하지 않으면 해병대 하지마라

이 말은 원로 해병대 사령관이 한 말이다. 해병대를 지칭하는 수 많은 말이 있지만 이말만큼 가슴에 와닿는 느낌... 이런 느낌의 키워드가 없다고 생각합니다. 한편으로 더 생각하면 참 멋진 말이다.

'나라'가 위기에 처하면 가장 먼저 전장에 뛰어가는 해병대의 모습...

우리에게는 이런 DNA가 수천년간 쌓여 있다.

일제강점기 때의 '독립군 활동', '임진왜란의 의병활동' 등등 외국학자가 제국시대의 식민지 역사를 보면서 한국의 짧은 식민 역사 '35년'을 주목하였다. 대만, 동남아, 세계 여타 다른 지역에서의 식민지배역사는 기본적으로 1세기가 넘어가는데 유독 한국만 '35년'이라는 짧은 기간동안 식민지배를 당했었다.

이 학자가 지목한 한 가지 '한국에는 산이 많다. 한국 사람들은 '氣'가 아주 세다'라는 가설로 이를 설명하고 있다. 과히 틀린 말이 아니다. 우리는 기억한다. 학창시절 초·중등학교의 교가를 보아라 대부분 학교인근의 산이름이 등장한다. "○○산의 정기를 받아"라는 가사가 등장한다. 여기에서 '안전'하는 사람은 '인류애·인간애'가 없으면 '안전' 일을 하지 마라.

단지 밥벌이의 도구로 '안전' 일 하지 마라.

작업에 참여하는 작업자들을 우리의 아버지, 어머니, 동생, 형 등등 이라 생각하자. '안전'하는 사람은 이들이 아무탈 없이 가족들의 품으로 귀가하는 모습을 보고 싶어해야 한다.

군복무시절 "이 중대장은 너희들이 무사히 군대생활 마치고 그리운 부모님 품으로 돌려 보내는 것을 최대최고의 바람이다"라고 말한 중대장이 생각난다.

〈관련 검색어〉 의병활동, 인류애·인간애

2. 야구는 9회말 투아웃부터 한다.

　야구선수 'H'가 한일전에서 보여준 끝내기 홈런 칠때의 여운이 지금도 뇌리에 남아 있다. 스포츠에서 일어나는 극적인 순간들은 보는 사람에게 감동과 탄식을 동시에 준다.
　라운드내내 링 코너에서 상대 선수의 펀치를 허용하여 보는 이로부터 "곧 KO 되겠네"의 말을 듣던 선수가 라운드 종료전에 터진 럭키펀치에 한숨이 순식간에 함성으로 변하는 광경을 보았다.
　또 동물의 세계에서 혼신의 힘을 다해 사냥감을 행해 달려드는 맹수의 모습... 경외스런 느낌이 생긴다. 여기서 "방심放心" 즉 '마음을 푼다'라는 것이 이 모든 상황을 결정하는 요인이 된다. '작업한다' 여기에서는 '위험'이라는 것이 상존하기 때문에 조심해야 한다. 중국어 단어 중 "小心"이라는 말에서 마음을 작게하다, 의역하면 '조심하다'이다. 옛날 사람의 말 중에 "조심하면 조심한 값은 항상 있다"라는 가치있는 글이 있다.
　이를 현학적으로 표현하면 '주의와 부주의'이다. 또 이것을 계량(정량)적으로 분류하여 phase 0(수면, 무의식), phase I(의식흐름, 피로, 부주의), phase II(이완, 휴식), phase III(상쾌, 적극활동), phase IV(과긴장, 흥분)의 메카니즘으로 살펴볼 수 있다.

　〈관련 검색어〉 안전심리

3. 봉오동 전투

영화 '봉오동 전투'이다. 혹자는 국뽕영화라 한다. 그러나 나는 개의치 않는다.

항일 무장 투쟁사의 일부분이고 우리의 소중한 역사이다. 병력, 장비 등 등 모든 부분에서 열세였으나 정신전력 즉 전투의지가 더 강하였다. 여기에서 독립군(우리)이(가) 선택한 전술은 '자기배후를 맡기고, 이동·후퇴하고, 또 그 배후를 지키고 이동·후퇴한다'이다. 현대 군대에서도 참 힘든 전술이다. 그만큼 위험하다는 것이다.

여기에는 "상호간 무한 신뢰"가 전제되지 않으면 절대 할 수 없는 전술이다. 생각해보자 전우가 이동·후퇴할 때까지 목숨걸고 적을 막고, 또 나의 배후를 전우가 지켜줄거라는 믿음으로 이동·후퇴하는 전술이다.

이때 지휘관의 '명령'이 크게 작용하지 않는다. 오직 '신뢰'만이 존재한다. 우리가 산업현장(건설)에서 '안전' 일하는 사람이 오직 알량한 '안전규정 등'만 들이대며 윽박하면 '안전'하다고 착각한다.

앞서 언급한 역사적 사실에서 알 수 있지만 '안전'에서도 '신뢰'라는 키워드가 중요하다. 믿음 주는 관리자가 되기 위해 노력하는 풍토가 필요하다.

〈관련 검색어〉 간도밀약, 고토수복

4. 道可道非常道

'道'라고 이름이 생기는 순간 이는 '道'가 아니다. 이것이 무슨 말장난이 이렇게 지나치고 있지 않나 생각될 수도 있다. 그러나 중국 고대 사상가 老子의 핵심키워드라 할 수 있다. 인류 역사상 지배이데올로기가 많이 있다.

중국 고대에서도 '제자백가'라 지칭되는 수많은 연설가 즉 집단이나 무리가 있어 자신들의 생각을 설파하였다. 그 중에는 법가, 유가, 도가 등이 존재하였다. 老子가 설파한 "道可道非常道"에서 파악할 수 있는 것은 "경직화, 교조화"이다. 옛말에 '고인물은 썩는다'는 말에서도 그 의미를 읽을 수 있다. 이에는 '변화·적응'만이 극복할 수 있는 키워드이다.

예로, 동양3국 중 '일본'과 '조선'의 경우 조선은 거의 5백년동안 '유교' 즉 주자학이 더욱 내재화된 '성리학'으로 지칭되는 것에 쉽게 말해 올인하여 다른 변화, 사조 즉 양명학, 서학 등 학문적 흐름에 적응이 늦어 그동안 '일본'에 대한 우리의 헤게모니를 넘겨주어 우리가 알고 있는 역사가 되었다.

그렇기에 '안전' 일하는 사람도 '안전규정 등'에 대한 지나친 맹신(?)에서 조금 벗어나 어떤 상황 또는 흐름에 유연하게 적용할 수 있는 소위 '유들이'라는 것이 필요하다. 오직 안전규정 등을 위한 안전규정이 아닌 진짜 '안전'을 위한 '안전규정 등'이 되어야 한다.

〈관련 검색어〉 덧신오류, 일의 흐름

5. 位相空間

"최상의 위상이 있는데…", "국가위상이 있는데…" 이런 말이 있다. 즉, 位相(위상)이다.

풀이하면, '위치(位)에 있는 물체(相)'이다. 수학에서도 '위상공간'이라는 것을 연구하는 분야가 바로 "위상수학(位相數學: topology)"이며 현대 인류가 하는 모든 학문보다 '1세기'나 앞서가는 학문이 '수학'이다.

이 중에서도 말하고자 하는 것이 '위상수학'이다. 대학 재학 중 선배로부터 이런 말을 들었다. 수학도의 자부심이라 할까 남은 인생에서 너의 정신적 고향은 이 '수학'이라고 생각하라는 말이며 '수학'이라는 말이 나오면 약간 흥분(?)되는 습관이 있다. 어떤 학자가 파리가 앉아 있는 것을 보고 '좌표'의 개념을 정립하였다. 이 좌표에는 평면좌표, 극좌표 등이 있다. 옛날 만화영화 중 4차원에서 온 '버섯돌이'라는 악역이 등장하는 내용이였는데 아주 재미있게 본 기억이 있다. 여기에 '차원'이라는 단어가 나온다. 그 당시에는 이런 개념도 모르고 보았다. 지금 이 글을 쓰고 있는 '장소', '시간', '공간', '환경' 등등 이 요소가 존재하는 바로 "이 순간" …… 시간따라 끊임없이 변하고 있다.

바로 '이 순간'이 '작업하고 있다'라고 가정하면 이것을 정의하면 '작업공간(위상공간)'이며 앞서 언급한 여러가지 요소들을 안전한 상태로 유지하면 "안전작업공간"이 된다.

더불어 '인생좌표'를 설정하여 매진하는 모습을 생각한다.

〈관련 검색어〉 위상공간, 위상수학, 안전

6. '안전'에 정답이 있는가?

혹자는 안전규정만 '잘 지키면 안전하다'라고 말하며, "정답"이 있다고 말할 것이다. 안전규정 등의 존재 이유도 이 '안전'에 있다. 명제 '안전규정 잘 지키면 안전하다'는 것은 참, 거짓 일까. 즉, 안전할 확률이 높다는 것이다.

안전에서는 '확률의 역설'이 존재할까.

예로 말하면 비계난간 '60cm' 규정이 있다.

이것은 '인간공학'에서 계략적으로 정한 수치이다. 인체계측자료에 근거한 수치라 할 수 있다. '키다리 나라'에서는 이 수치가 높을 것이고 '난쟁이 나라'는 이보다 낮게 설정한다. 즉, 회귀분석에 의한 결과로 '최적해'가 도출하듯 안전규정 등도 이런 연유로 설정된다.

'삶의 궤적'이라는 단어가 있다. 옛날 어떤 과학자는 자기가 피는 담배연기의 흐름 즉, '담배연기의 궤적'을 수학에서 말하는 함수, 방정식 등으로 수치화(도식화)한 적이 있다.

이것을 '회귀분석 등'이라 할 수 있다. 그러므로 우리 '안전'하는 사람은 '안전규정 등' 속의 '수치등'에 함몰되지 말고 '규정 등'이 만들어진 '합리적 이치'를 잘 파악하고 안전작업공간에 적용하면 안전확률(?)이 더 높아질 것이다.

〈관련 검색어〉 최적해, 함수
〈생각합시다〉
치사량 수치 등, 작업효율성과 안전규정

7. 민법과 안전

인류의 가장 오래된 학문이 과연 어떤 것인가.

어쩌면 인류 탄생과 함께한 것이라 할 수 있을 것이다. '저장'이라는 개념을 생각하자. 과연 인류만 저장하는 것인가 아니다 '동물의 왕국'이라는 프로그램에서 일부 동물은 저장이라는 행위를 한다. 그러나 인류에게는 더 진전하여 '저장행위'를 효율적으로 하기 위해 '토기'를 탄생시켰다.

우리가 학창시절 배운 빗살무늬토기 등등이 생각날 것이다. '저장' 개념이 생기면서 '사유재산'이 존재하게 되었으며, 또 여기에 '다툼'이 생긴다. 이런 다툼의 솔루션이 '민법'이다.

법학을 공부하는 사람은 여타 법과목 중에서 '민법'이 어렵다고 한다. 그만큼 탄생연원이 깊기 때문이다. 이와 같은 긴 역사와 함께 '法理'가 있는데 이 또한 깊이와 철학이 필요하다.

여기서 '토기'를 주목하면 즉, 도구 등을 이용하여 만들었다. 무엇을 '만들다'는 행위에 '안전'이 내포된다. 중략하고 '산업혁명', '기업'이 등장한다. 이 '기업'은 인류가 발명한 대단한 발명품, 걸작품이다. 좀 극단적으로 생각해서 만약 인류에게 이 '기업'이 없었다면 지금도 원시사회 비슷한 언저리에 해당하는 시기가 지속되었을 것이다.

그리고 근·현대 사회(문명)의 보편사상이 태동하면서 '안전'도 인식하게 된다. '안전'하는 사람들은 모두 인지한 사실 1930년대 미국 사회에 생존한

'하인리히'라는 인물로 인해 학문의 반열에 진입할 수 있는 단초를 마련하였다. 그러므로 우리 '안전'하는 사람은 소명의식을 가지고 해야 한다.

〈관련 검색어〉1:29:300원칙(법칙)

8. 권투선수의 필요충분조건은 맷집, 펀치력, 스피드

지금도 옛날 'MBC권투'의 프로그램 시작음악 소리를 떠올리면 사나이의 불같은 가슴이 느껴진다.

전문가는 아니지만 우리나라 권투선수 중에 'P선수'가 '맷집, 펀치력, 스피드' 이렇게 3박자를 모두 갖춘 선수라 확신한다.

가끔씩 유튜브에서 추억의 권투 경기 소개 시간에 'P선수'의 경기를 보면 힘이 생긴다 아니 회춘한다.

여기에 더해 당시 아나운서와 해설자의 목소리까지 있으면 더 강하게 회춘(?)한다. 권투경기에서만 이런 조합이 있는 것이 아니고 산업 현장 즉, 일터에서도 적용된다. '사람이 일(작업)한다' 이 행위에는 '눈썰미, 일머리, 일(작업) 단도리' 이 삼박자가 조화롭게 이루어지면 '안전'과 '일효율성'이 쉽게 이루어진다.

작업현장에서 '안전'일 하러가면 제일 먼저 "천천히 빨리빨리 하세요", "즐겁게 일하세요" 꼭 이 두 마디는 당부한다.

이 중 '천천히 빨리빨리 하세요'에 작업자들은 약간 의아해 하는 표정의 미소를 자연스럽게 '천천히 빨리빨리' 외친다.

건설현장에서 그 중 고참작업자들이 서두르는 작업자들 또는 쉬는 시간 쯤에 일하려는 작업자에게 농담조로 '야! 땀흘려 일하면 3년간 재수가 없다'라고 말한다. 여기에는 눈썰미, 일머리, 단도리를 알고 일매듭(맥)을 잘 잡자는 의미가 포함된다.

모두 경험이 있을 것이다. 수업시간에는 졸음이 쏟아지는데 쉬는 시간에 졸음이 달아난다. 또 학교 파한 후 동무들끼리 누구집에 가서 공부하자는 말이 나오면 그 친구 어머님이 꼭 주전부리도 준다 그러면 꼭 이런 친구가 있다 정리시간으로 50분 쓰고 10분동안 대충대충 공부시늉만 하고 쉰다. 그러나 공부 잘 하는 친구는 공부한 상태로 놓아두고 볼일보러 갔다 다시 그 상태로 공부한다. 일 하는 것, 공부하는 것 모두 비슷한다.

산업현장에서 '일의 성과', '안전' 이 표리부동表裏不同이 아닌 표리일체 表裏一體의 관계가 있다.

〈관련 검색어〉 효율성, 안전효율, 안전율

9. '안전사고'는 우연성 또는 필연성으로 발생한다.

'불량품 발생사고' 관리하는 품질관리 사례 중에서 생산(제조)라인 작업과정에서 특정 공정에서 불량횟수가 많이 발생하여 분석하니 라인 구동하는 롤러 계통의 한 쪽 축(shaft) 베어링 불량으로 결정되어 교체하는 순간 불량 발생이 없었다는 사례가 있다.

즉, 품질관리에서는 '필연성'이 반드시 존재하는 것이다. 똑같은 '작업공간'에서 각기 다른 재해 형태가 발생하고 또 같은 재해 형태가 반복된다.

즉, 품질관리보다 사고의 발생 경우의 수에서 안전관리가 높다는 것은 그만큼 '개연성'이 많다는 것으로 이해할 수 있다.

바로 우연성과 필연성이 상존한다는 것이며, 우리 '안전'일을 하는 사람은 우연성과 필연성 어떻게 관리해야 하나 고민되는 부분이다.

〈생각해보기〉 안전사고는 왜 발생하나

10. 공학이야기

어떤 혹자의 이야기가 생각난다.

이공계 중 순수학문(이과)을 한다고 하니 주위 친지, 부모님이 돈벌이 하기 힘들고 즉 취업하기 어려운 것을 한다고 책망(?)이 많았으나 결국 고집(?) 때문에 이과쪽을 공부하였다는 일화가 있다. 그 당시 '안전'분야를 산업공학과의 한 과목으로 취급하여 '안전'이 완전 찬밥이었다.

현장소장에게 "'안전' 때문에 ..." 등등 이야기하면 '야! 안전이 밥먹여주냐' 바로 촛대뼈를 구타당하였다. 울며 겨자먹기식으로 총무, 공무, 공사 등등 부서담당자가 겸직하였다. 서로 맡기를 싫어했다.

모두 '잘해야 본전'이라는 인식이 많았다. 과연 이 '안전'공부(학문)를 꼭 공학에서만 하여야 하나, 즉, 접근방식을 공학적, 인문학적, 사회과학적 등등 다양한 분야의 관점에서 공부할 필요가 있다고 생각한다. 문과출신 국문학을 공부하신 사람이 '안전'에서 일하는 경우를 목격하였는데 아주 잘 적응하고 안전업무수행도 잘하는 모습을 보았다. 지금은 통섭의 시대 바로 학문의 통섭이라는 견지에서도 안전분야에 다양한 전공자가 진출하는 것도 탁월한 선택이라 여겨진다.

〈관련 검색어〉 통섭

11. 안전작업함수

생뚱맞은 말이라 생각할 수 있다. '안전'에 무슨 '함수'냐 학창시절 '수학적고문'을 수 없이 당한 기억이 있는 사람에게 정말 실감날 것이다.

기억난다 국민학교(초등학교)에서 '산수' 과목이라 하였으나 중학교 입학하여 접한 생소한 과목 '수학' 솔직히 기대반 걱정반이었다. '잘 할 수 있을까' 미지의 세계로 들어간다는 느낌 등등 운명적이라는 것이 찾아왔다. 중학교 첫 담임선생님이 바로 수학선생님 그리고 첫 수업 '함수' 개념을 빨리 잡아야 수학을 잘 한다는 말을 지금도 생생히 뇌리에 남아 있다.

어느 유명 수필가 '기하학'에 관해 쓴 글이 떠오른다. 한자로 '幾何學', '幾', '何' 이 두 글자에 내포된 뜻을 새기면서 느낀 소회를 적은 내용이라 기억한다.

즉 글자에 내포된 뜻과 학문의 내용이 다름을 말하고 있다.

이런 경우는 또 있다. '공학'을 대별하면 파괴공학(전쟁공학)과 창조공학이다. 바로 우리가 알고 있는 기계공학과 토목공학으로 분류할 수 있다.

여기에서 왜 토목공학에서 바로 '土', '木' … 앞에서 언급한 '幾', '何'와 일맥 상통한 이야기이다.

토목공학은 바로 '사회공학' 영어로 civil engineering 사회공학으로 명명해야 합당할 것으로 생각한다.

이렇게 된 이유로 서양 근대 학문들이 모두 '일본'을 통해 전파되었다는 사실로 인지할 수 있다.

이 함수(函數)도 같은 맥락이다. 함수개념을 쉽게 정의(定義)하면 '대응'이라 뜻으로 전용할 수 있으며 초등학교 수업 중에 아래의 도식과 같이 수업하였다.

<도식>

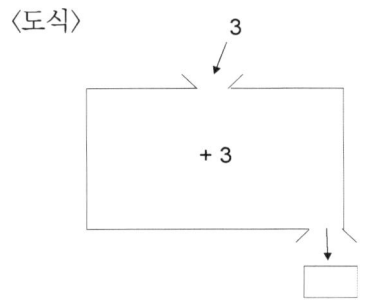

우리는 이런 도식의 산수 문제를 푼 기억이 있을 것이다.

즉 不知不識間 알고 있는데 이것을 이상한 기호로 「y=ax+b」 등등이라 적으면 '숫자알러지'가 있는 학생들에게 이상한 기호까지 등장하니 소위 '수포자'가 생기게 된다.

다행히 요즘 '이야기 수학'식의 수학 수업이 도입되어 반가운 마음이 올라온다.

'안전'하는 사람도 정성적 마인드에 더해 정량적마인드도 중요하다.

'안전'이라는 카테고리는 종합적인 접근이 필요하기 때문이다.

〈생각해보기〉 안전의 계량화, 도식화 기법
· 결함수 분석법
· 파레토도
· 특성요인도
· 크로스분석
· 관리도

12. 날씨와 안전

'안전'하는 사람에게는 다양복잡한 변수를 감안해야 하는데 이 중 '날씨'도 포함된다.

'바다'라는 작업공간에서는 예인선과 부선이라는 것이 필요하다. 쉽게 말해 '동력원' 有無에 따라 구분한다. 예인선이 부선(화물이 적재된 상태)를 예인할 때 부선의 방향을 조정하는 사람을 '선두'라 칭한다. 이때 파도성너울이 심해 이 '선두'가 바다에 빠져 익사한 '재해'가 발생했다. '날씨'라는 변수가 바로 그 원인이 되었다.

'불쾌지수'라 하여 이 날씨 등과 사람의 마음이 어떤 상관관계를 수치화한 개념이라 할 수 있다.

이 불쾌지수도 안전작업에 중대한 요소로 작용한다. 즉 안전작업 공간 구현이라는 목표를 위해 이런 변수들의 제어·관리가 안전하는 사람에게는 능력의 척도가 될 수 있다.

그렇기에 산업안전보건법 등에서도 이런 '날씨'에 관한 규정들이 명문화되어 있다.

〈관련 검색어〉 옥외 작업시 필요한 안전 규정

13. 頓悟漸修, 頓悟頓修

불교계의 논쟁하나 소개하고자 한다.

"頓悟漸修, 頓悟頓修"가 그것이다.

불교에서 '수행'이라는 것이 있다. 수행하는 목적이 "깨달음"을 얻기 위한 하나의 수단이다. 즉 도구라 할 수 있다.

"頓悟漸修"에서는 이 "깨달음"을 얻기 위해 끊임없이 수행하는 속에 존재한다고 주장하고 "頓悟頓修"는 그렇게(漸修)해서 "깨달음"을 얻을 수 없고 만약 얻었다고 해도 그것은 '거짓 깨달음'이라 설파한다.

이 논쟁의 수준은 높다. 단 몇 줄에 그 본질이 전부 설명되었다고 할 수 없으나 한자 '頓'과 '漸'의 의미에서 그 뜻을 유추할 수 있다.

'頓' 속에는 단박에 하는 행위 즉 마치 번개 같이 순식간에 도달한다는 의미가 있고 '漸'의 글자속에는 우리가 무슨 일을 점진적으로 한다에서의 점(漸) 字와 같다.

무슨 일이 쌓이고 쌓여 터진다는 의미가 있다.

이런 맥락 속에서 '선종·교종' 논쟁도 이해할 수 있다.

우리 역사교과서에서 익히 알고 있는 고려시대 지눌, 성철 등이 논쟁에 등장하니 허무맹랑한 논쟁이라 우리같은 凡人이 함부로 치부할 순 없다.

이상의 흐름을 타고 '안전'에 적용하면 약간의 안전공부가 있는 사람, 다년간 '안전'일을 한 사람 모두 금과옥조로 여기고 있는 1:29:300 법칙(원칙) 즉 300번의 앗차사고가 쌓이고 쌓여 결국 1번의 중상해가 발생한다는 이론이다. 전술한 '漸修'와 비슷한 맥락이다.

이것이 완전히 맞다고 할 수 없고 또 그렇다고 아주 잘못된 것이라 할 수 없다. '안전사고누발자'라는 말이 있다. 상황적누발자, 소질적누발자 등등 여기에는 한자 '누(累)' 字가 '쌓다'라는 뜻이 있기 때문이다.

꼭 발생매카니즘이 이 '1:29:300 법칙(원칙)'만 존재하는가 이런 의구심이 생긴다. 즉 '안전작업함수'라는 개념으로 다른 발생매카니즘이 존재할 수도 있다는 합리적 추론이 가능하다.

가령 "안전작업변수"를 '1에서 10'으로 잡았을 때 '300번 앗차사고'는 이 안전작업변수 관리 잘하여 발생한 것이고, '29번의 경상해(사고)'는 안전작업변수가 '5'라 할 수 있고 '1번의 중상해(사고)'는 안전작업변수 관리가 엉망인 '10'정도라 발생하였다고 설정가능하다.

〈생각해보기〉 확률, 통계, 안전사고, 경우의 수

14. 작업공동체, 안전공동체, 경제공동체

　P 전대통령 국정농단 재판에서 발표한 판결문에 '경제공동체'라는 신조어 수준의 생경한 용어가 등장하였다. 쉽게 말해 'A'라는 사람과 'B'라는 사람이 같은 '돈주머니'를 사용하고 경제적으로 '동일인'이라는 뜻이 내포되어 있다. 참 아픈 역사의 한 단면이 아닐 수 없다.
　가끔씩 범죄영화 중 범죄자가 사전에 뇌물을 준 공직자에게 협박성 맨트로 '우리는 한 배를 탔다'는 대사를 생각할 것이다. 도둑질도 손발이 맞아야 해먹는다는 옛말 처럼 안전하는 사람과 작업자, 관리감독자 등등 간의 관계도 이런 관점에서 보면 '안전'이라는 유토피아 세계로 향해 가는 서로 믿고 협력하는 관계가 되어야 한다.
　수직적 계열관계가 아닌 수평적 존중적인 관계설정이 중요하다. 옛날 건설사에서는 '하청'이라는 용어가 사용되었다. '협력', '협력업체'로 용어자체가 변한 것은 고무적인 일이다(수평적 존중관계로 발전).
　안전하는 사람보다 나이가 높은 경우 해당작업에 대한 경험치도 많은 경우가 있다. 안전관리자는 단지 '안전'이라는 측면에서 조금 더 많은 정보와 지식이 있다는 것과 작업현장 현황 및 진행상태 즉, 작업흐름을 전체적 안목에서 본 시각을 가지고 있다는 것이다. 작업공동체 즉 안전공동체가 되기 위해서는 각 구성인원들의 장점, 단점을 조화롭게 융합시키는 스킬이 필요하다 이를 수행하는 것은 안전하는 사람의 몫이다.
　〈관련 검색어〉 안전공동체와 작업공동체

15. 법과 안전

옛날 모 정치인이 고시3관왕인 관계로 화제가 된 적이 있다. 누구는 고시 합격을 위해 청춘을 허비하는데 어떻게 생각하면 참 불공평하다.

고시3관왕의 비결을 '흐름파악' 즉 法理를 정확히 정립하고 공부해야 하는 것으로 귀결된다.

과연 '法'은 무엇인가 법 발생설은 여러가지가 있으나 여기에서는 '도덕 최소율'로 하겠다. 우리가 학창시절 배운 '고조선 8조법금'에서 '사람을 죽인자는 사형에 처한다'라는 조항이 있다. 또 예수가 내린 신앙계율에는 '간음하지마라'라는 말이 있다 법과 다른 차원의 인간에 대한 규율로 '도덕 또는 사회규범'이 있다. 이 속에는 '어른(사람)을 보면 인사를 한다'라는 불문율 즉 사람들 사이에서의 암묵적인 약속이라 定義할 수 있다. 그 외 등등 많이 있다. 전술한 1. 사람을 죽인 행위, 2. 어른 보고 인사 안한 행위 두 가지 행위를 비교하면 '사회적 약속 등'을 어긴 경중에 따라 구별할 수 있다. '사회적 약속 등'을 중하게 어긴 1항은 '法'이라는 카테고리에 포함시켜 지킬 것을 강요한다. 이런 약속들은 각 분야별로 존재하여 건축 분야에서는 '건축법'이 있고 그 밖에 소방법, 토지법 등등 수없이 많다.

그래서 '안전'에서도 '산업안전보건법'이라는 법령(률)이 존재하여 '재해, 사고 등' 방지, 예방하기 위한 최소한 가이드라인이 되어 준다.

한 가지 일화가 생각난다. 지금은 '삼성물산 건설부문'이지만 삼성(종합)건설에서 시공하던 공사현장의 '구포역 열차전복사고'로 수백의 인명이 사망하였다. 이에 그룹 총수가 대노하여 전 직원 안전자격증 취득명령이 내려져 때아닌 '열공모드' 발동한 적이 있다. 이후 수시로 본사 안전 PM이 각 지방현장에 방문하여 협력사 포함하여 안전점검하는 모습이 기억난다. 삼풍백화점 붕괴사고, 성수대교 붕괴 등등 계속 반복이 되고 있다.

'法'이 존재하는데 반복되는 원인이 무엇일까?

한번쯤 '안전'하는 사람들은 깊게 고찰할 필요성이 느껴진다.

〈생각해보기〉 신문지상에 보도되는 재해 분석해보기

16. 鎭管體制, 制勝方略體制

진관체제, 제승방략체제는 조선시대 군사제도의 명칭이다. 진관체제는 '鎭'이라는 군사조직을 지역관리가 방어하는 군사제도이고 이를 여말선초에 '왜구'라는 해적집단이 침략하면 그 지방수령(사또)가 농민들을 동원하여 방어하는 개념으로 이해하면 된다. 역사드라마에 자주 등장한다.

'제승방략체제'란 임진왜란때 신립장군이 탐금대에서 벌인 전투를 연상하면 된다. 각 지방군이 막지 못한 외적을 중앙의 장수가 중앙군, 지방군을 규합하여 방어하는 개념이다. 이 두 조직을 간단히 구별하면 군사에 전문성의 유무를 판별하면 된다(또는 多, 少로 가능).

안전작업공간에서도 안전조직이 있다.

사고 방지 5단계라 하여 1단계: 안전조직, 2단계: 사실의 발견, 3단계: 분석, 4단계: 시정방법 선정, 5단계: 시정책 적용에서 1단계의 안전조직이 산업안전보건법 등과 조항에 명시되어 있다.

이 안전조직에는 사업주, 총괄책임자, 안전보전관리 담당자, 안전관리자, 관리감독자 등으로 구성되어 있다. 우리 '안전'하는 사람은 제승방략체제의 장수처럼 '안전'에 관한 전문가이므로 꾸준히 공부하고 노력하는 자세가 필요하다.

〈생각해보기〉 안전전문가란?

17. 작전에 실패한 지휘관은 용서가 되지만, 경계에 실패한 지휘관은 절대 용서가 안된다.

학창시절 '교련'이라는 교과목이 있었다. 고등학교 3년, 대학 2년동안 도합 5년이라는 기간동안 배웠다. 고등학교 교련선생님은 학도병 출신, 육사 출신, ROTC 출신이였던 것으로 기억한다.

위 말은 하나의 군대(군사) 격언이라 할 수 있다. 그때는 교련선생님이 소위 '군기담당(?)' 선생님이였다. 가만히 생각해보면 보초병의 근무태만으로 보급창고 특히 탄약창고가 적에 의해 폭파당하였다면 싸워보지도 못하고 패배하는 것이다. 정말 억울하다는 생각이든다.

또 권투선수가 '계체량'에 통과 못하여 링에 오르지도 못하고 패배하였다면 그동안 흘린 훈련의 땀이 아까울 것이다.

요즘 '안전'도 이 경계에 비유된다. 예전 찬밥의 안전이 아니고 앞으로는 회사의 명운이 걸린 '안전'이라 해도 지나친 말이 아니다.

선택의 문제가 아니라 필수의 문제가 되었다. 이에 우리 '안전'하는 사람의 어깨도 무거워졌다.

〈생각해보기〉 '안전에 대한 가치관'으로 자신의 소회를 작성해 보기

18. 축구의 어드벤테이지

우리가 축구 경기를 볼 때 상대수비수의 반칙을 돌파하여 단독 찬스를 만들었을 때 심판이 반칙휘슬을 불 때 운동장의 관중들과 TV시청자들은 심판에게 야유를 보낸다.

과연 그 이유는 무엇인가.

심판이 '반칙' 행위가 있으면 경기를 잠시 중지시키고 반칙 행위의 경중에 따라 벌칙을 준다.

여기에서 비교하면 작업현장에서 정신 집중하여 용접하는 작업자에게 단지 '용접덧신'이 삐뚤어졌다고 작업중지시킨다고 하면 즉 '안전지적질'을 하였다면 과연 합당한 처사라 할 수 있나.

축구선수에게는 '골인'이라는 통과의례가 중요하고 용접사에게는 용접품질이 중요하다.

용접 중 중간에 멈추면 '기공등'이 생겨 정상적인 용접 강도 등이 안나온다. 잘못된 것을 잘된 것으로 오인하는 '기계적인 오류' 즉 '덧신의 오류'라 할 수 있다.

〈생각해보기〉 품질과 안전의 관계

19. 실용신안과 안전

프레스 안전장치 개발자가 프레스 재해자한테 이런 말을 들은 적이 있다고 한다. "좀 더 빨리 개발했으면 자신과 같은 재해자가 발생하지 않았을거라"고 어떤 TV프로그램에서 말한 적이 있다.

이 '안전'이라는 분야는 우리가 조금 더 눈여겨 보면 '실용신안' 또는 '발명특허'로 경제적, 개인 발전적으로 기회를 얻을 수 있는 블루오션이 될 수 있다. 우리 사회가 발전하면 할 수록 '안전'의 포지션이 높아지며 안전에 종사하는 것이 선망의 대상으로 자리매김할 때도 올 것이다.

여기서 두 가지 사례를 제시하면 지게차기사의 고충 중 하나가 인양할 화물의 크기에 따라 운전석에서 내려 일명 빠루라는 긴 막대기로 지게발의 크기(간격)를 화물의 크기에 맞게 수정하는 일을 번거롭게(불안전 요소) 생각하였다. 그러나 요즘 지게차는 운전석에서 그 번거러운 일을 할 수 있게 되었다(지게발 간격 조절 장치). 또 한 가지는 일명 백호우라는 중장비(굴삭기)로 일반 건설 현장에서 '만능'이라는 수식어가 따라 다니는 한 마디로 만능재주꾼이다. 여기에는 '버킷회전장치(360°)'가 부착되어 더 손쉬운 조작으로 더 다양한 공정의 작업을 안전하게 수행하게 되었다.

'필요는 발명의 어머니'라는 말이 기억난다. 간편함, 신속함, 단순함 등등이 안전함과 더 잘 어울리는 키워드라 생각된다.

끝으로 실제 실용신안 사례를 첨부한다.

〈생각해보기〉 안전과 성력화(省力化)

특 허	실용신안	의 장	상 표	심 판	이 의	기 타
Patent	Utility Model	Design	Trade Mark	Trial	Opposition	Others

출원사건의 명칭 : 안 전 모
(Title)

출 원 일 : 1997. 4. 3.
(Filing date)

출 원 인 : 박 종 진
(Applicant)

출 원 번 호 : 1997년 실용신안등록출원 제   호
(Application No.)

변리사 **특허법률** 사무소
KIM YOUNG OK PATENT & LAW OFFICE

부산광역시
(연산로타리
**TEL :(051)
FAX :(051)**

실용신안등록증

등 록 제 0152///호   출원 번호 제 1997-0007220 호
                      출 원 일 1997년 04월 03일
                      등 록 일 1999년 05월 03일

고안의 명칭   안전보

실용신안권자   박종진(650505-   )
              부산광역시

고 안 자   박종진(650505-   )

위의 고안은 실용신안법에 의하여 실용신안등록
원부에 등록되었음을 증명함.

1999년 05월 03일

특 허 청

20. 인권을 넘어 동물복지

우스개말로 견격(犬格)이 인격(人格)보다 좋다는 말이 있다. 소위 부자동네의 강아지(애완견)들이 소고기를 먹는데 이에대한 반감으로 생긴 말이다.

공자도 이런 말을 남겼다. 도살장에 끌려가는 소(牛)를 보고 제자에게 '끌려가는 소'를 생각하니 소고기를 먹지 못하겠구나 라고 말했다는 것으로 '仁'이 사람을 넘어 동물 등으로 구현하고자 하는 마음을 읽을 수 있다.

요즘 겨울이라 덕다운 제품의 옷을 구매하는 경우가 많다. 제품, 홍보 문구에서 "동물복지"를 감안하여 생산한 제품임을 강조한다.

바로 '오리·거위'라는 동물의 복지(?)를 생각한다. 이런 것들이 소비자들에게 어필되는 시대에 우리가 살고 있음을 실감하게 된다.

불과 수십년 전만 잠시 생각하여도 지금의 이 시대는 어떤가를 명확하게 알 수 있다. 인간의 생산활동 즉 경제활동의 결과 재화가 창출, 유통, 소비 등의 패턴으로 돌아간다. 여기에는 '기계등'이 필연적으로 사용되게 된다.

이제는 안전사고 다발 업체의 제품은 시장에서 영속할 수 없는 시대가 될 것이다. 왜냐 동물복지를 감안한 소비패턴이 있는데 인권이 무시된 (안전사고 다발) 회사의 제품을 어떤 명분으로 소비자들이 선택하겠는가.

우리가 '안전'하는 일에는 이 '인권'도 내포하고 있다. 이제 '안전'이 기업활동에서 차지하는 포지션이 많이 달아지고 있다.

〈생각해보기〉 안전사고 다발 업체와 소비자 인식

21. 소 잃고 외양간 고치기

소 잃고 외양간 고친다는 것은 인간의 망각을 드러내고 있다. 이 속담이 계속 남아 있는 것은 옛날의 사람도 현재의 사람들에게도 여전히 유효한 교훈을 주기 때문이다. 여기에는 앞서 언급한 이 '망각'이라는 것이 존재하기 때문이다. 또 이 '망각'때문에 인간의 존재가 가능하다고 할 수 있다. 망각, 건망증, 기억 등에는 '습관 또는 익숙함'이 중요하게 작용한다.

학교나 직장 등에서 꼭 필요한 물건을 깜박 잊어버리고 그냥 갔어 낭패를 당한 적이 있을 것이다. 이런 사태를 방지하기 위해 자기전에 꼭 가지고 가야 할 것을 익숙한 곳 즉 신발장 앞이나 익숙한 물건 가령 안경이나 양말 등 옆에 함께 두어 잊어버리고 가는 것을 막을 수 있다. 이제 앞에서 언급한 속담의 4가지 유형을 소개하고자 한다.

1. 소 잃기 전에 외양간 고치기
2. 소 잃고 외양간 고친 후 유지보수 안하기
3. 소 잃고 외양간 대충 고치기
4. 소 잃고도 외양간 안 고치기 로 정리할 수 있다.

가끔씩 신문이나 방송에서 재해가 발생하면 모든 언론에서의 내용 중 하나에 포함되는 키워드는 "반복성", 그리고 "예방가능한 인재(人災)" 이 두 가지가 단골 메뉴였다.

우리 '안전'하는 사람은 前述한 속담 유형에서
1. 소 잃기 전에 외양간 고치기에서 교훈을 새겨 안전작업공간에서의 위험요소 등을 찾아 개선하는 행동과 마음가짐이 필요하다.

〈생각해보기〉 인간의 망각과 안전행동

22. 산업안전을 넘어 사회안전으로

　이제 산업안전보건법 등에서 '사회안전'을 규정하고 있다. 그리고 서비스 산업 등도 법·제도상 범주에 포함시키고 있어 안전의 카테고리가 넓어지는 추세이다.
　TV화면에 서울소재 대표적 국보가 화재(방화)로 소실되는 모습이 방영되었다. 참으로 참담하고 어처구니 없는 이유로 또 한번 실망을 넘어 분노를 느끼게 하였다. 국보문화재에 대한 허술한 관리 즉 밤에는 인근 노숙자의 술판이 펼쳐지는 장소로 변하였다. 그렇기 때문에 어느 70대 노인이 개인적 불만(땅보상 불만)을 해소하는 대상으로 전락하였다.
　이것은 국민을 정신적으로 살해하는 행위이다. 또 대구지하철 방화사건, 그리고 이태원 참사(사고), 세월호 침몰사고 등에서 수많은 사람들이 소중한 목숨을 잃었다.
　여기에 거론되지 않은 사건, 사고들이 존재한다. 오죽하면 '사건·사고 공화국'이라는 단어가 보도하는 기자의 워딩(wording)에 꼭 포함된다.
　꼭 산업체에서 일하는 사람에게만 '안전'을 강요(?)하는 시대는 지나고 있다. 어느 통계에 한해 교통사고로 사망하는 숫자가 전쟁터에서 전사한 군인 숫자보다 많다는 사실도 존재한다.
　산업재해율 또는 안전한 대한민국을 위해 여러가지 대책이 발표되지만 (정책입안) 가장 근원적 대책으로 우리 사회 전반적으로 '안전의식'이 높아져야 한다고 생각하여 학교교육, 사회교육 등이 연계된 정책이 필요하다.

가령 전문계 고등학교, 그리고 대학에 안전관련 과목이 개설될 수 있도록 하는 것도 하나의 방법이다.

〈생각해보기〉 안전 등 관계자의 책임과 권한

23. 감성안전(感性安全)

'인간은 감정의 동물이다', '열 길 물속은 알아도 한 길 사람 마음속은 알 수 없다' 이런 말들은 모두 '사람의 마음'에 대한 언급이다.

이 마음에는 감정(感情)이라는 七情이 존재한다. 즐거움, 화남, 슬픔 등등 이런 감정들이 사단(四端)이라 하여 仁·義·禮·智의 4가지 도덕적 단초에 맞게 발현시키는 또는 어떻게 발현 시킬까하는 방법에 대한 논쟁이 조선시대에 존재하였다. 약칭하여 四-七論爭이라 한다. 이렇게 '사람의 마음'에 관한 사변은 깊다.

이런 맥락으로 '안전'을 생각하면 〈도식 참조〉

'감성안전'이라는 개념을 도출할 수 있다.

이와 관련하여 일화를 소개하고자 한다.

중학교때 선생님이 우리에게 한 말이 생각난다.

집에 있는 맛있는 과자 동생이 혼자 다 먹지 않을까 걱정하지 말고 수업시간에 집중하라는 우스개소리 비슷하게 말하였다. 가끔씩 TV뉴스시간에 주의산만으로 교통사고가 발생하였다는 사실을 확인할 수 있다. 산업현장에서도 주의산만이 사고로 연결된다.

여기에서 한 가지 책을 소개하면 "축소지향의 일본인"이라는 책의 저자로 유명한 교수님이 주장한 '신바람의 한국인' 즉 한국사람은 신바람만 잘 타면 무슨 일이든 다 할 수 있다는 내용이다.

우리 '안전'하는 사람들도 작업현장에서 이 '신바람'을 활용하여 '작업효율성과 안전' 이 두 가지를 성취할 수 있다.

즉 '사람의 마음(감정)'의 관리 및 발양(發揚)이 감성안전의 요체(要諦)이다.

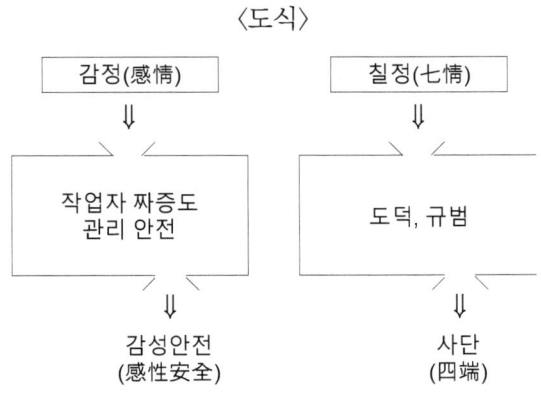

〈관련 검색어〉 사단(四端)

24. 모자와 안전모

옛날 교복 입고 학교 다닐때 머리에 모자를 쓰는 것은 책임과 의무가 주어진다고 배웠다.

군모, 경찰모, 동내 아파트 경비할아버지도 경비 모자를 쓴다. 훈련소에서 각개전투를 하던 중 갑자기 옆에서 소총개머리로 조교가 철모 쓴 나의 머리를 때렸는데 순간 별이 보였다. 만약 철모 안 쓴 머리에 맞았다면 아마 기절하였을 것이다. 또 건설현장에서 작업종료하고 공사관리일보 등 서류를 검토하며 가던 중에 돌출된 H빔에 안전모 쓴 상태로 머리가 부딪혔다. 순간 그 충격이 온 몸에 전달되었다.

H빔에 충돌한 지역은 현장 모든 인원이 안전모를 탈모한 상태로 통행하던 곳인데 그 땐 검토할 서류를 손으로 잡고 있어 안전모를 착용한 상태이기 때문에 큰 부상이 없었다.

이렇게 안전보호구로 신체 중에서 머리부위를 보호 받을 수 있다는 것을 온몸으로 체험하였다. 인체 중에서 가장 중요한 곳 즉 '머리'를 생각하면 그 상징성이 크다.

인간의 정체성과 관련이 깊다. 친구끼리 장난치다 머리를 때리면 굉장히 큰 화를 낸 친구도 보았다.

우리는 안전모를 착용하고 일한다. '안전'이라는 아이덴티티(identity)를 함축하고 있는 것이 바로 '안전모'라 할 수 있다.

가끔씩 안전관련 표어 중에서 이런 카피가 있다. "안전모는 핸드백이 아닙니다." 군복무시절 어떤 병사가 휴식 중에 철모를 땅에 내려 그 위에 엉덩이를 걸터 앉아 쉬다가 간부에게 걸려 심한 얼차려를 당한 모습이 기억난다. 이런 사례들이 그 집단의 아이덴티티(identity)가 이 '모자'에 내재하였기 때문이라고 생각한다. 구령에도 본령전에 예(비)령이 있듯이 안전 보호구 착용 구역전에 "임의 착용구역(안전모)"를 설정하는 것도 검토할 수 있는 일이기도 하다.

〈생각해보기〉 안전모를 쓸 때와 벗을 때의 마음, 느낌

25. 예방 안전, 예방 정비

    권투의 문외한이라도 '무하마드알리'라는 미국 권투선수의 이름을 익히 알고 있을 것이다. 한국에도 방문한 적이 있었다. 그런데 그 선수가 은퇴 후 일명 복싱골병으로 몸과 마음이 모두 온전하지 못한 모습을 TV화면을 통해 본적이 있다. 현역 시절 무수한 충격들이 인체에 쌓여 발병하였다는 것을 쉽게 유추할 수 있다.

    은퇴한 권투선수들 중에서 이런 경우가 많다. 화상도 외상보다 내상 즉 내부화상으로 발생한 것이 그 상해정도가 심하다고 한다.

    이와 같이 사람의 몸은 그 한계가 존재하나 가끔씩 초인적인 힘도 발휘한다. 이 '초인적'이라는 키워드는 극소수의 경우이다.

    '인체의 한계'는 기계에서도 똑같은 원리로 작용한다. '내구연한'이라는 이름으로 대표되는 '한계'가 존재한다. 항공기, 원자력 등 이런 분야는 특히 이 '예방 정비'에 민감하다. 단, 한번의 사고가 대형 피해로 이어지기 때문이라 이런 측면에서 '예방 정비'가 아주 중요하다. 기술교범, 정비교범 중에서 명시한 부품사용기한에 따라 반드시 교체해야 한다. 육안으로 이상이 발견되지 않아도 예방 정비 차원에서 정비·교체한다.

    이것은 '내구연한(제작연한)'과도 관련이 있다. 군대 전술에서도 '선제타격' 개념이 있다. 이스라엘이 이 '선제타격'을 잘 활용하여 주변 아랍제국 사이에서 잘 생존하고 있다. 어떤 '조짐·징후'만 포착되면 즉각 조치하기 때문에 더 이상의 피해확산이 발생하지 않는다. 이런 의미에서 우리 '안전'하는 사람들도 '예방 안전'을 정립해야 한다. 작업자 중에 걸음걸이가 좀 이상하다 등등, 그리고 장비, 설비 등등의 이상 조짐과 징후를 사전에 빨리 포착하고 즉각 조치하는 능력이 필요한다.

〈생각해보기〉 예방 안전의 실천 방법

26. 현시적 안전(위험)과 잠재미래적 안전(위험)

가수 이선희의 "인연"이라는 노래는 가수의 음색, 노래의 기사가 정말 잘 매칭이 되는 명곡이라 생각한다.

모두가 잠든 밤에 혼자 이 노래를 감상하며 와인 한잔 마시면 어떤 감흥이 찾아올까? 여기에 나오는 '인연'의 뜻은 무엇인가 또 이것은 불교철학에서 강조하는 '연기법'과 연동이 된다. 지금 특정종교를 말하는 것이 아니고 철학을 언급하며, 이 '종교'에 민감하신 사람이 많아 부득이하게 불교철학이라 표기 합니다.

쉽게 간단하게 언급하면 現象界 즉 이 세상은 원인(因)과 조건(緣) 바로 因緣生起에 따라 움직인다는 말이다. 물질과 정신이 모두 이 '연기법(緣起法)'의 적용을 받는다는 것이다.

발생되는 모든 것은 그 근원 즉 원인이 반드시 상존하는 것이 그 요체가 된다. 우리가 중학교때 배운 '질량보존의 법칙'도 이런 맥락으로 보면 된다.

사고(재해) 발생 메카니즘도 이 연기법에 빗대어 파악할 수 있다.

그럼 먼저 4가지 요소 즉 매개변수가 필요하다. 현시적 안전, 현시적 위험, 잠재미래적 안전, 잠재미래적 위험이 있다. 지금 현재 발생한 사고는 과거 현시적 위험이라는 미시적 위험과 잠재미래적 위험(거시적 위험)이 그 근원이라 생각할 수 있다.

또 현재(지금 이 순간) 사고 등 이 발생하지 않는 것도 현시적 안전, 잠재미래적 안전이 존재한 결과라 할 수 있다.

건설공종으로 슬라브콘크리트타설 작업을 예로하면, 선행공정인 동바리 및 거푸집 작업의 미시적 위험과 거시적 위험이 없어야 후행공정인 콘크리트타설 작업의 '안전'을 장담할 수 있다.

안전모 착용과 미착용으로 현시적 안전(위험)을 거론할 수 있다. 거대하고 고신뢰성이 요구되는 장치산업인 원전건설에서 제관작업 중에서 플랜지 연결공정에서 시방서에 정한 지정된 토크로 결합하지 않는 볼트, 너트 결합은 '잠재미래적 위험'이라 칭할 수 있다. 옛말에 처삼촌 산소 벌초하듯 한다는 말이 있다. 일을 설렁설렁(대강대강) 한다는 뜻이다.

또 국내 대형 건설사에서 내세운 카피 "혼을 담는 시공" 즉 작업자가 이런 혼을 담는 시공의 마음가짐(자세)으로 한다면 잠재미래적 안전을 확실하게 담보될 수 있다. 이렇게 하기 위해서는 '感性安全'을 주장해야 한다. "바보야 문제는 사람이야" 이 한마디에 '감성안전'이 함축되어 있다.

〈관련 검색어〉 연기법, 질량보존법칙

〈생각해보기〉 1. 삼품백화점 붕괴사고, 성수대교 붕괴사고 등에서 '잠재미래적 위험' 검토하기

2. 상기 사고의 S-P곡선상 포지션 구하기

27. 人事가 萬事다

　국내 정치인의 정치모토로 자주 쓰던 말이라고 기억한다. 정치판을 사람싸움판이라 명명할 수 있다. 그 요점 내지 속성은 사람의 세치 혀바닥이 죽음(?)(정치 생명 등)을 초대할 수 있다는 사실을 통해 가름하고도 충분하다.
　또 여기에는 '용인술'로 설명할 요소가 존재한다. '안전'하는 사람도 이것에 관심을 가져야 한다. 산업안전보건법 등에서 사고방지 5단계를 제시하는데 1단계 안전조직 2단계 사실의 발견 3단계 분석 4단계 시정방법의 선정 5단계 시정책적용 중 '1단계 안전조직'에서 '안전'하는 사람의 포지션은 직계형, 참모형, 혼합형 속에서 각각 존재한다. 작업자, 관리감독자 등등에게 지시, 통제, 협력, 조언 등을 통해 우리의 최종목표는 '안전작업공간'을 구현하는 것이다.
　가끔씩 주변에서 말한다. 사람을 상대하는 일이 가장 어렵다고.... 여기에 세상 모든 사람이 내 마음과 같지 않다는 전제가 깔려 있다.
　이런 이유로 직장인, 자영업자 등이 쓸개와 간을 집에 두고 출근한다는 말도 있다. 그래서 안전하는 사람은 안전관련 인원들과 '소통'이 중요하며 소통의 첩경은 내 마음을 열고, 대응하는 것이다. 여기에 '가식'이나 '허세' 등이 개입하면 안된다. 이 소통을 위해 TBM, 휴식시간에 티타임을 통해 각 인원의 애로사항 등등을 카운셀링하는 능력도 필요하다

〈생각해보기〉 안전과 사람의 마음(소통)

28. 牛步萬里

'안전' 일을 잘 하려면 '牛步萬里'라는 말을 잘 새겨야 한다.

옛말에 돌다리도 두드려 보고 건너라, 급할수록 돌아가라는 말 등이 있다. 위의 成語를 직역하면 소 걸음이 만보를 간다. '안전'일에는 스피드도 중요하지만 지구력도 필요하다. 돈의 시간가치에서 12달 중 한 달에 1,200만원을 버는 것보다 꾸준히 매달 100만원씩 버는 것이 낫다는 말이 있다. 결국 총량은 같지만 '시간의 가치'에서 차이가 생긴다.

또 '동물의 왕국'에서 치타의 속도보다 사자의 지구력 그리고 하이에나의 정말 미친(?) 지구력과 군집력이 생존도구로 월등하다.

특히 이 '하이에나의 군집력'은 사자의 먹이감도 빼앗아 버리는 놀라운 능력이 있어 아프리카 들판에서 그 존재감을 드러내고 있다.

우리가 안전작업공간을 구현하기 위해 '牛步' 같은 우직한 면이 필요하다. 하나하나 점검하는 느낌 그리고 위험요소가 없나 세세히 작업구역을 살피는 소걸음 같은 듬직함이 요구된다. 이렇게 step by step으로 '萬里'를 아무탈 없이 갈 수 있다.

〈생각해보기〉 牛步萬里 참 좋다고 생각하는데 여러분의 高見은?

29. 지역 방어, 대인 방어

　우리가 스포츠 경기 중 구기 종목을 시청할 때 특히 농구경기의 해설자가 이 '지역 방어', '대인 방어'라는 용어를 자주 쓴다는 것을 기억할 것이다.
　코치나 감독의 신호에 따라 지역 방어와 대인 방어를 적절한 타이밍에 변환을 잘 수행하는 팀이 시합에서 이길 경우가 많다는 사실에 대해 반론을 제기할 사람은 드물 것이다. 이와 관련하여 한 가지 더 말하면 우리나라 건장한 남성들은 모두 군복무를 하였을 것이다. 야간 경계 근무시 준수사항 중 하나로 "야간 경계근무 중 한 곳에 응시하지 말라", "시각보다 청각에 치중하라" "경계시선을 전후좌우로 번갈아 보아라" 등등 이런 내용이였다.
　또 하나 주간 중 지형지물을 숙지하여 야간 근무에 확인하라는 내용도 기억난다.
　이상의 각 준수사항에는 인체의 특성(착시등), 경험 등이 반영되었다. 이런 것들을 '안전'에 차용하면 지역 방어는 지역주시 이고 대인방어는 대인주시라 치환하여 볼 수 있다.
　여기에서 '주시'는 '注視'로 표현된다.
　우리 '안전'하는 사람들은 안전작업공간을 구현하기 위해 작업자와 작업대상물 등에 대해 注視하는 태도를 견지해야 한다.
　작업섹터, 작업자 이동정도·경로, 작업자 인원수 등등의 변수를 반영·고려하여 '지역주시와 대인주시'를 해야 한다. 가령 '지진의 징조'를 사람보다 동물이 먼저 감지 한다고 한다. 이처럼 우리 '안전'하는 사람은 '안전조심'을 잘 감지해야 한다.

   안전작업공간에서 이런 '주시(注視) 행위'를 등한시 하고 핸드폰 보기, 잡담하기, 엉뚱한 행동 등등 이런 행위를 지양하고 안전책무에 충실한 태도가 필요하다.

   〈생각해보기〉 땅에서 연기가 나오는 것을 보고 초병이 남침용 땅굴을 발견하였다는 사실에서 이 '안전조짐'의 중요성 확보해 보기

30. 혼을 담는 시공

'혼을 담는 시공' 이 카피는 옛날 국내 대형 건설사에서 기업CI용으로 활용하였다.

사람에게 魂・魄이 있다. 진혼곡이니 진혼제니 이런 말에서 '혼'과 같은 글자이다. 이런 맥락으로 우리의 찬란한 유적 '석굴암'을 언급하면 이를 만든 사람이 '김대성'이라는 석공이다.

생각해보세요, 우리가 상상못할 억겁(?)의 세월동안 그 자리에 존재하는 어마어마한 존재감(?)이 있다. 수학여행 단골 코스였다.

어느 고미술 평론가는 이런 감명・감흥을 '부처가 김대성이다' 이 한마디로 평하였다. 그런데 일제때 이를 해체하면서 시멘트라는 인공 재료를 사용하였다는 것에 마음이 무겁다. 또 한편으로 수학적, 건축적 조형에 탁월함이 석굴암 실측(측량)으로 확증되었다.

건설현장이나 제조현장 등에서 이런 '혼을 담는 시공'이 실현된다면 어떨까 이제 시각교정이 필요하다.

'안전과 생산(품질)'이 표리부동(表裏不同)이 아닌 표리일체(表裏一體)라는 인식 확산이 필요하다. 비안전 악순환이 존재한다. 가령 제조현장에서 불량제품이 생산되어 이를 사용한 공정에서 이 '불량'이라는 요소 때문에 야기된 원인으로 심대한 사고, 재해가 발생할 수 있다. 앞서 말한 '석굴암'에서 우리는 완벽한 '잠재미래적 안전'을 목도한다.

이런 잠재미래적 안전을 어느 정도 담보하기 위한 일환으로 작업자의 '제조실명제'가 시행되고 있다. 가까운 예로 시중에서 사는 과자봉지에 제조자 이름이 선명하게 명기되어 있다. 또 제조물 책임법(PL법)도 이런 취지에서 제정된 법이라 할 수 있다.

〈생각해보기〉 우리가 만드는 제품이 또 다른이에게는 안전이 될 수 있다.

31. 生而知之, 學而知之, 困而知之

어느 심리학자가 갓 태어난 병아리 에게 독수리모형을 보여주니 몸을 숨기는 행동을 보였다. 이와 비슷한 경험을 공유하면 백일이 지난 갓난애기에게 자신을 떨어뜨리려는 조짐을 보여주자 정말 고사리 같은 손을 움켜쥐는 행동을 취한다.

사람을 넘어 생명체에게는 자기방어기저가 내재되어 있다는 것을 확인할 수 있다. 산업현장에서 갓 입사한 사원이 실수하면 위로 또는 격려차원에서 "누구는 어머니 배속에서부터 배우고 나왔나" 차근차근 배우면 된다는 멘트를 던진다. 이런 것을 명명하면 "生而知之"와 "學而知之"라 할 수 있다.

인간에게는 누구나 생존본능이 존재한다.

한 동물원에서 같이 놀러간 자식이 어느 맹수우리에 빠져들어가는 것을 본 엄마가 쇠창살을 휘어버리고 자기 자식을 구하는 정말 말도 안되는 초인적 힘(?)을 발휘하였다. '여자는 약해도 이 세상 모든 어머니는 강하다'라는 말이 이런 연유로 생긴 것 같다.

안전에서도 이런 원리가 있다. 가령 교량공사를 할 때 거푸집 작업에 필요한 비계공사시 특별한 또는 강압적(?) 안전지시 없이도 근로자 스스로 정말 철저하게 안전장구류를 챙기며 착용한다.

인간이 가장 큰 공포감을 느끼는 11m보다 어마무시하게 높은 높이(?)이기 때문이다. 40kg정도의 군장을 맨 군인들도 총알이 빗발친 전장에서는 40kg 군장이 깃털같이 느껴지듯 전력 질주한다고 한다. 이 인간의 생존본능은 '안전본능'으로 연결된다.

"學而知之" 이 한문문장에서 한 가지 팁을 제공하면 문장 중 '之'字을 목적격으로 해석하면 되는 용법이 있다. 또 '而'字는 순접기능이 있다.

그 뜻을 '배워(그것을) 안다'라고 보면 된다.

'중국이나 한문'의 특징은 고집어적 요소가 있어 전체 글의 맥락에서는 그 뜻이 다르게 된다는 것을 인지해야 한다.

이 문장 뜻대로 우리 '안전'하는 사람은 항상 배우는 자세가 중요하다.

그 다음으로 '困而知之'의 의미는 몸으로 기억(체득)한다는 뜻이 내포되어 있다. 어린시절 익힌 자전거 타는 스킬은 평생 내몸이 기억한다.

그 몸이 경험한 '앗차사고(Near miss, Near accident)' 등은 뼈속까지 각인된다. '어휴 죽을뻔했다' 이 한마디에 함축되어 있다. 그런 연유로 각 사업장 따라 '안전체험장'이 있다. 이것은 간접경험이라도 체험하자는 의미가 담겨 있다. 우리가 다 알고 있는 공자님도 제자들에게 항상 이 '困而知之'를 강조하였다. 본인도 이 '困而知之'를 통해 배움의 완성이 이룩되었다고 믿기 때문이다. 경험보다 더 훌륭한 스승은 없다는 말도 있지 않은가?

〈생각해보기〉 生而知之, 學而知之, 困而知之 중 어느 것이 좋은가요?

32. 上善若水

　우리는 이런 말을 기억한다. '물과 기름 같다' 융합, 화합, 소통 등등과 반대의 뜻을 내포하고 있다. 또 불보다 물이 무섭다는 말도 있다. 어느 종교에서 말하는 최후의 날, 심판의 날에는 이 '물'로 즉 '물'을 통해 보여준다고 한다. 만화영화 ' 노아의 방주'도 이 '물'과 관련이 있다. 또 '물'과 연계된 속된 말로 '나를 물로 보나' 즉 자신이 무시당했다는 (느낌)생각이 들 때 하는 말이다.

　대학시절 교양과목 수강할때 담당교수님이 제시한 「물(水)」에 대한 속성 내지 성질이 무엇인가라는 주제로 한 리포트 작성 과제를 기억한다.

　여담으로 A+ 학점을 받았다. 물리화학적 측면 인문학적 측면 등이 있다. 인문적 특성에 대해 언급하고자 한다. 옛날 사람들의 탁견이 돋보이는 내용이기 때문에 크게 공감할 것이다.

　"水善利萬物而不爭, 處衆人之所惡, 故幾於道" 총 18字로 그 요체(要諦)를 이렇게 함축하여 거듭 감명이 크다.

　여기서 잠깐 한문문장 해석 팁 방출하면 한문문장을 접할 때 가장 먼저 할 일은 문장 중 동사역할하는 글자를 찾는 것이 가장 빠르다.

　이 문장에서는 「利」字와 「處」字로 정하면 뜻과 그 의미를 파악할 수 있다. 이 '물(水)' 속에는 '안전'과 가장 닮은 요소가 있다. 더 가하면 '안전'하는 사람이 구비해야 하는 요건들을 일목요연하게 구현하고 있으니 물이 사랑스럽다. 이상(以上)의 물을 물리, 화학적, 인문학적 물의 속성에 비추어

'안전'하는 사람의 덕목을 발췌하면

1. 낮은 곳으로 향하는 성질로 낮춤의 미덕이 있다. 작업자들과의 관계에서 군림하지 않는 태도 즉 점령군이 아닌 안전작업공간을 구현하고자 하는 지원군(응원군) 같은 낮춤의 자세를 통해 작업자의 마음을 얻어 안전의 8·9부 능선을 쉽게 갈 수 있다. 가끔씩 사소한 건수로(안전지적질 등) 갈등과 싸움을 일으키는 것은 지양해야 한다.

2. 막힌 곳이 있으면 돌아감에 인색하지 않는 성질로 지혜로움의 미덕이 있다. 안전작업공간에 필요한 점검 등 안전유해요인을 제거하는 지식 등과 상통한다.

3. 더럽고, 탁할 것 등과도 섞여주는 넓은 포용력의 미덕이 있다. 각 작업자의 성향 등에 적절한 안전조치 등을 시행할 안전하는 사람의 능력과 같은 요소가 있다.

4. 어떤 곳이든 잘 담기는 용통성의 미덕, '안전'하는 사람은 소위 "유들이'라는 윤활적인 역할이 요구된다. 기계도 윤활유가 있어야 잘 돌아간다.

5. 바위, 돌 등등도 뚫고 가는 추진력에서 인내와 끈기의 덕목(미덕)
안전한 작업을 위해 꾸준히 노력하는 모습과 닮아 있다.

6. 훌러 훌러 폭포에 도달할 때 떨어지는 용기의 덕목(미덕)
안전활동에 저해되는 요소를 찾아 제거하는 태도로 차용할 수 있다. 안전에 타협이 없다는 마음도 이에 해당한다.

7. 장대하게 흘러 결국 바다까지 가는 담대한 마음가짐의 덕목(미덕)
'안전'을 인류애적, 인간애적으로 접근하는 마음이며 작업자의 안전을 우리 가족, 친지, 친구 등의 안전으로 생각하는 큰 그림의 마음이 '안전'하는 사람에게 있어야 한다. 즉 소명의식과 맞닿아 있다.

〈생각해보기〉 여러분은 안전이 무엇과 닮아 있다고 생각합니까?

33. 인간관계와 안전

지금 살면서 동업한다는 것에 대해 인식이 생겼다.

실제로 이 동업관계가 나중에 부모를 죽인 원수처럼 그 관계가 변한 사례를 보았다.

그래서 아무리 친한 사이라 하여도 동업은 절대 하지 마라는 말이 생겼다. 이건 '利'와 '義'가 공존하기 힘든 것임을 말하고 있다. 그런데 이것을 부정하고 '아름다운 이별'이라고 명명된 이름으로 '동업'이라는 위험성과 한계성을 극복하고 정말 명칭 그대로 아름답게 헤어진 사례가 있다. 국내 재벌하면 형제간 싸움 등으로 일간지 헤드라인 기사도 자주 등장한다. 그러나 국내 모기업의 H씨와 K씨 간의 불화의 조짐도 없이 각자의 길을 선택하여 간 후에도 사업상 상생하는 것을 보면 정말 재벌사에서 전무후무한 기록, 일화라고 생각한다. 이런 사연이 기업의 이미지 상승에도 일조한다고 여겨진다. 그 회사의 사시(社是)가 '人和'인 것이 부끄럽지 않다. 역사에 역성혁명이나 반정(反正) 등은 성공이냐 실패에 따라 한 개인의 목숨에 더하여 멸문지화(滅門之禍)를 당하는 역사적 사실이 있다.

우리는 근·현대사에서도 해방 후 혼미한 정국에서 쿠데타 또는 혁명으로 알려진 두 사람의 인간관계를 확인할 수 있다.

"임자를 혁명명부에 넣지 않는 이유는 혹시 우리가 형장의 이슬로 사라질 경우 이 군대를 지킬 사람은 임자뿐이라고 생각해서…. 끝으로 개인적으로 나의 식솔들을 믿고 맡길 사람도 임자뿐이다." 이런 말을 들은 그 '임자'

는 뜨거운 인간애와 신뢰, 믿음 등을 느꼈을 것이다.

　이런 경험한 것으로 재판에서 訟事에 관계된 인간관계는 최악이다. 요즘 '중대재해처벌법이 발효된 것으로 이해가 상충되는 관계인 간에 訟事가 벌어지고 있다.

　또 이법에서 '처벌'이라는 단어가 있어 더욱 더 논란 논쟁이 뜨겁다. 그 핵심은 처벌우선주의와 예방우선주의의 대립이다. 바로 처벌과 예방의 선·후 관계 논쟁이라 볼 수 있다.

　아무튼 이를 통해 작업자들과 '안전'하는 사람의 open relationship의 설정이 중요함을 느낀다.

　사람들과 척을 짓다는 말이 있다.

　인간 사이 이 '척'이라는 단어에 주목해야 한다.

　그래서 우리 '안전'하는 사람들은 open relationship 설정으로 '안전'을 성취해야 한다.

　〈생각해보기〉 안전한 마음, 안전해야 하는 마음, 안전에 대한 平靜心

34. 안전규정 과연 무엇인가

몇년전 영화인 "최종병기 활"에서 주연 배우인 박해일이 구사한 명대사가 생각난다. '두려움은 직시하면 그 뿐 바람을 계산하는 것이 아니라 극복하는 것이다' 이 대사는 무엇인가 뇌리에 여운이 남는다. 그리고 우리에게 익숙한 이름 '맥아더장군'이 장성이 되기전 '참모'급 군사학교에서 공부할 때의 일화가 있다.

전술학의 일부로 도상훈련과제 중 여러 조건들이 내포된 작전계획수립하는 미션이 있을 때 여타 참가자들은 이런 조건들이 가미된 계획을 제출하였으나 맥아더는 이런 조건들이 깡그리 무시된 계획을 제출하였다. 이런 맥아더의 행동에 의아한 표정들이 난무하였으나 교관의 판단은 정반대였다. 전쟁의 최종 목표는 '승리'에 있다. 앞서 기술한 명대사처럼 승리의 여건에 제약되는 것들을 극복내지 제거하는 능력이 승리의 방정식이 된다는 것을 인식한 것이다. 그래서 단지 안전규정은 안전작업공간 구현을 위한 하나의 솔루션임을 인지해야 한다. 이 안전규정의 존재가치도 「안전」에 있다. 수단, 목적이 전도되는 행동·조치가 마치 안전의 최상이라 착각하는 경우가 많다.

산·안·법 등의 규칙·조항들을 완벽 숙지·겸비한 AI(인공지능)이 최고의 안전관리자라 인정할 수 있나? 인간이 기계 등에 앞서는 귀납적 사고를 스스로 포기하면 안된다.

〈생각해보기〉 안전에 있어 안전규정등이 정답이 아니지만 最適解는 된다.

35. 所以然과 所當然

이 所以然, 所當然 개념은 조선 성리학에서 등장하는 철학적 요소이다. 여기에 理와 氣 그리고 体用論 등등까지 거론하면 그 깊이를 짐작할 수 있다. 아주 간단하게 말하면 혹시 XY담이 될 수 있으나 "아래 동네가 부실한 남자에게 그의 아내가 '이 인간아 어찌 밥만 먹고 사냐' 이렇게 말하였다.

이 말에 所以然과 所當然의 뜻이 함축, 간결하게 포함되었다고 할 수 있다. 이것을 격식있게 쓰면 所以然之故, 所當然之則이라 더 한번 쓸 수 있다.

所以然은 "왜 해야 하나"의 뜻이 있으며 근본·근원적 이유를 의미한다 즉 '格物'이라고 보면 된다. 현실적인 측면이라 하면 쉽게 이해할 수 있다. 그리고 所當然은 "당연히 해야 한다"이며 하나의 법칙이라 할 수 있다. 현실과 理想에서 이상적인 측면이 있다.

더 치밀한 설명과 이해는 여러분의 몫으로 돌린다.

이것을 '안전'에 차용하면 이런 질문 또는 문제의식을 제기할 수 있다. '안전'하는 사람에게 '안전이란?' 질문에 각각의 답이 있을 수 있다. 다람쥐 쳇바퀴돌리듯 '안전일'을 할 수 있으나 여기에 나름의 철학 또는 스스로에게 의미를 부여하여 한다면 '자아실현'의 직업이 될 수 있다.

첨언하여 우리가 직업을 定義할 때 3가지가 있다. 1. 생계유지 2. 사회참여 3. 자아실현 하는 측면을 가지고 있다.

〈생각해보기〉 여러분의 '안전가짐'은 무엇인가요?

36. 안전과 서식

 호랑이는 죽어 가죽을 남기고 사람은 죽어 이름을 남긴다. 우리 '안전'하는 사람은 이 '서식'이라는 시각적 정보에 민감해야 한다. 시각적 정보와 청각적 정보의 큰 차이점은 즉각성과 시공성(시간, 공간)으로 대별할 수 있다. '先史時代'라는 말이 있다. 우리 인류역사의 95% 정도를 차지하는 엄청 긴 시간들의 집합이다.
 단지 이 시대를 알 수 있는 유일한 방법도 초보적 글자인 그림문자와 그들이 생활하던 삶의 자취로 남겨진 유적, 유물 등등으로 유추, 해석하여 그 시대의 역사를 파악할 수 있다.
 특히 과학기술의 발달로 더 정확하게 즉 사실적으로 접근하는 길이 열렸다. 재미있게 본 '쥬라기공원'이라는 영화에서 상징적으로 보여 주었다.
 이렇게 '서식'으로 남기는 안전관련 정보를 우리는 잘 다루는 능력이 요구된다.
 요즘 '핸드캠'이라 하여 영상정보 등도 활성화된 상태이다. 이 서식에는 그날 그날 작성하는 각종 일지에서 특정사안에 대한 리포트 등등 많이 있다. 여기에는 현장에서 안전하시는 분과 사무실에서 안전PM으로 구분할 수 있다. 현장에서 여건상 수기(손글씨), 핸드폰 통신망 등으로 작성하게 된다. one page project 형식으로 작성하고 간결하지만 的確하게 작성해야 한다.
 그리고 구어체보다 문어체 형식으로 하고 이건 철칙인데 만연체보다 간결체(건조체)로 또 정자(正字)로 적어야 한다. '만년필 세대'가 있다. 잉크에

볼펜처럼 생긴 원형 막대기에 펜을 꽂아 쓰던 일이 생각난다.

그 땐 펜글씨 급수시험도 있었다. 또 부서마다 보통 여상출신 '타자수'라는 여사원이 있었다. 수기로 기안한 문서를 타자기로 작성하였다.

지금은 추억의 한 장면이지만 기안 작성한 문서를 직접 타자기로 치다 상사한테 장말 혼난적이 있다. 아무튼 가정하면 case 1 점검 안하고 점검일지 작성한 것과 case 2 점검을 정말 세세하게 하고 점검일지 깜박하여 미작성, 누락한 경우 case 3 점검, 일지작성 깔끔하게 실행한 경우가 있다면 여러분은 어떤 case로 할 것입니까?

〈생각해보기〉 글본, 셈본은 이 세상의 기본이다 여기에 '안전'도 있다.

37. 작업경험과 안전

 가십거리 또는 가십기사로 여겨진 말을 하고자 한다. 어느 열차 통학생의 일화이다.
 중학교, 고등학교의 세월이면 6년이다. 열차에서 발생하는 '소리'에 익숙한 수준을 넘어 뇌리에 새겨질 정도이다. 어느날 평소와 다른 기차소리에 차장(열차승무원)에게 말한 것으로 인해 열차 결함을 조기 발견하여 사고를 예방하였다는 내용이다. '열차 통학생'에서 이 '열차'는 요즘 생각할 수 있는 '지하철'이 아니다.
 실제 철도에 종사하시는 분 중에서는 '망치'로 관능검사하는 업무가 있다. 어느 한 분야에 평생(?) 종사한 사람은 그 일에 대한 느낌 즉 '감'이 있다. '촉이 있다'라는 말로 표현되는 특별한 능력이 있다. 이 능력에는 그 만큼의 '세월'이라는 공부가 필요하다. 다르게 생각하면 비과학적, 비합리적인 것으로 폄하할 수 있다. 그러나 옛날에는 '병아리 감별사'라는 직업이 인기였다. 또 이 직업이 해외 취업이민의 0순위 시절도 있다. 지금의 초초저출산 시대에서 보았을 때 정말 꿈만 같은 시절이 있었다.
 이것은 모두 인간의 '감·촉'으로 할 수 있는 직업군(群)이다. 이런 연유로 산업안전보건법 등에서는 안전조직에 「관리감독자」라는 용어로 작업경험이 풍부한 작업자를 안전조직의 한 축으로 인정하여 규정하고 있다.
 즉 작업경험이 '안전'에 유용하는 것으로 이해한다.

그렇기에 '안전'하는 사람은 '관리감독자'의 의견도 존중·수렴하는 마음가짐이 필요하다.

〈생각해보기〉 생산가능 인구의 축소로 외국인 근로자의 유입 증가하고 있다. 이들의 '안전'도 고려할 이유는?

38. 안전에서의 경직성, 유연성

上命下服이라는 말이 있다. 경직성, 유연성 담론에서 등장하는 成語이다. 중국의 최고 실력자 등소평이라는 인물은 축구를 참 좋아하였다. 축구 경기에 전술・전략이 있어 좋아했다는 이유가 그 전부였다. 이런 최고 권력자의 마음을 생각하여 공산당에서 중국 축구를 세계 최고 수준의 실력을 가진 팀으로 만들기 위해 정책 입안하였다.

학교 정규 교과목으로 '축구'채택하기, 프로축구육성, 해외유학 등등 할 수 있는 모든 시책을 시행하였으나 '실패'라는 성적표를 받았다.

위에서 언급한 상명하복식 공산당 명령에는 '경직성・유연성' 요인이 크게 작용한 것으로 이해한다. 또 모택동이 한 지방 소도시・농촌을 시찰하던 중 참새가 수확한 낱알을 먹고 있는 모습에 인민이 굶고 있는데 참새가 식량을 축내고 있다고 하며 전국적으로 참새 박멸운동이 공산당에 의해 진행되었다.

결과는 참새의 선기능 '해충죽이기'를 하지 못해 더 흉년이 들어 식량기근이 가중되었다. 이 일화는 '중국의 대약진운동'의 대실패 원인을 분석・파악하면서 선례로 자주 거론되는 일화이다. 이것도 공산당의 상명하복식 행정의 맹점이 선명하게 드러난 결과이다.

이를 답습한 북한의 천리마운동도 똑같은 전철을 밟았다. 무슨 일이든 처음 계획・시작할 때와 다른 변수들이 돌출한다. '세상만사 사람 마음대로 되는 일은 없다'는 격언에서도 확인할 수 있다. 유도미사일이 회피기동하면서 목표물을 정확하게 타격하는 것처럼 우리 '안전' 일하는 사람에게도 이런 교훈이 필요하다.

'안전'은 종합학문이기 때문이다. 여기에서는 공학기술, 인문학적 기술, 심리 등등이 안전속에 숨쉬고 있다. 이와 같이 복잡다난한 요소들이 존재하는 만큼 다양한 변수가 상존함을 인지·대처하는 힘이 필요하다.

〈생각해보기〉 원청사, 시행사, 시공사, 협력사 등 각각의 주체들이 추구하는 이해관계 조율·융합하는 스킬은 있는가?

39. S-P 곡선

문제의식이 생긴다. 가장 이상적인 안전작업공간이 존재하는가. 이 문제에 접근하기 전 먼저 '안전'이라는 것에 대해 심도 있는 분석이 필요하다. '안전하다'에 대한 "계량적, 정량적 해석은 어떻게 할 수 있는가"라는 여부에 달려 있다고 볼 수 있다. 또 여기 한 가지를 추가하면 생산성, 품질성, 경제성과 안전의 상관관계도 필요하다.

안전작업을 수행하면 생산성, 품질성, 경제성 이 3요소가 동반 상승하는가. 안전을 강조하면 즉 안전작업이면 생산성 등이 저하한다고 생각할 수 있나?

여기에서 "기회비용의 개념"이 필요하다.

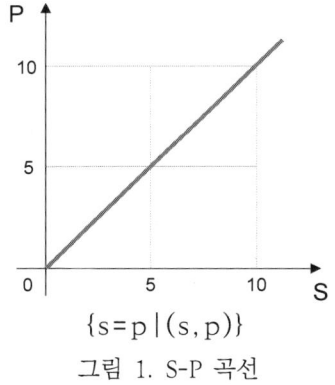

$\{s=p\,|\,(s,p)\}$

그림 1. S-P 곡선

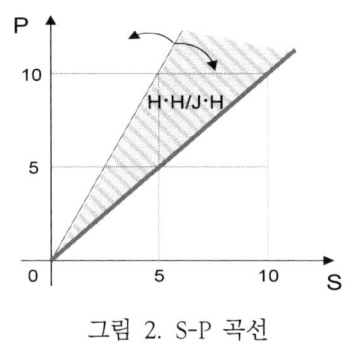

그림 2. S-P 곡선

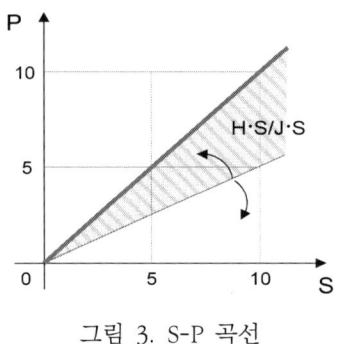

그림 3. S-P 곡선

현시적 안전(H·S)
현시적 위험(H·H)
잠재미래적 안전(J·S)
잠재미래적 위험(J·H)
S : 안전
P : 생산성 등

〈관련 검색어〉 기회비용
〈생각해보기〉 우리가 알고 있는 '직선'의 관념적, 직관적 개념 완벽한 직선은 존재불가능하고 모두 곡선의 한 부분으로 한정한다.

40. 農者天下之大本也

　이 문구는 TV에서 농악놀이할 때 단골메뉴로 등장한다. '농군(농부)은 이 세상의 큰 기본(근본)이다.'라는 뜻이다. 쉽게 말하면 농사짓는 것을 가볍게 생각하지 마라는 속뜻이 있다.

　고교 평준화하기전 어느 지역에 두 곳의 명문고가 있으면 학생 본인이 원하는 학과에서 불합격하면 '서울농대'에 지원 합격하여 소위 "한해 서울대 합격생 숫자" 높이기 경쟁으로 서울농대 입학 강요가 성행한 때도 있다. 합격하면 휴학하여 재수하는 형식으로 한해 서울대 합격생 1명 추가된다.

　지금 생각하면 참 어처구니없는 악습(?)이라 할 수 있지만… 그 만큼 '농업'이라는 학문이 대접받지 못한 시대임을 반증한다.

　우리 역사에 '농업'은 국가기간산업에 해당하였으나 산업화, 근대화 과정 중에서 농업의 위상(位相)이 정말 땅에 떨어진 시절도 있었다.

　학창시절 국사시간에 각 왕조마다 꼭 농업정책들이 등장한다. 특히 '대동법' 등등이 대동법등은 공무원 시험에도 단골 출제 소재였다.

　봉건시대에서도 이 '농지개혁' 문제는 중요하다.

　왕권과 신권(臣權)의 문제이기도 하였다. 혹자는 우리나라가 2차 대전 후 근대화, 선진화를 이룩한 밑거름도 이 "농지개혁"이라 주장한다.

　극명한 방증으로 아르헨티나, 필리핀의 몰락 이유로 이 '농지개혁'의 실패를 거론한다. 그만큼 '농업'의 중요성이 역사적으로 증명된다. 요즘은 농업이 '생명과학'이라는 학문의 영향으로 학문적 위세도 올라갔다.

이런 맥락으로 보면 농업이라는 학문의 부침(浮沈)이 '안전'과 비슷하다. 그 포지션 또한 비슷하여 換字하면 "安全者天下之大本也"이다.

41. 스타일의 전략

봄이면 대학가에는 '미팅'이라는 것이 성행한다. 지금 생각하여도 가슴이 뛰고 기분이 좋아진다. 사람의 첫인상은 '3초'에 결정된다는 말이 있다. 정말 '3초'가 중요하다. 안전운동기법으로 제시한 '3초 멈춤운동'도 있다. 본서를 참조하면 된다. 그래서 이 '3초'를 위한 스타일이 필요하다. 재미있는 상상을 해 본다.

S1. 공부도 어느 정도하고 싸움도 잘하는 학생

S2. 스마트하며 공부도 운동도 잘하는 학생

S3. 금수저이면서 조금 인간적이며 이지적인 학생

S4. 집이 부자이지만 부자티 안내고 여러 사람과 잘 어울리고 당연 공부도 잘하는 학생

S1. 학생은 H사의 이미지(스타일)이고 S2 학생은 SS사의 이미지(스타일)이고 S3 학생은 S사의 이미지(스타일) S4 학생은 L사의 이미지(스타일)이 느껴진다. 다르게 볼 수도 있다.

우리 '안전'하는 사람은 과연 자신은 어떤 타입(스타일)으로 현장에서 '안전'일을 할 것인가.

옛말에 '모로가도 서울만 가면 된다'라는 말이 있다. "자기만의 스타일"도 한 번쯤 생각할 수도 있다. '안전'은 종합적인 업무이기 때문이다.

〈관련 검색어〉 안전스타일

42. 서민코스프레

먼저 '코스프레'를 말하기 전에 '스타일'과 구분해야 한다는 것을 강조하고 싶다. 선거철만 되면 '서민코스프레'가 언론을 도배한다. 정말 짜증이 날 정도이다. 짜증을 넘어 혐오증까지 생긴다. 우리가 여행할 때 그 곳의 '시장' 구경을 추천한다. 왜냐하면 민초의 삶이 진솔하게 나타나는 곳이며 노동의 가치가 느껴지기 때문이다.

또 한편 '민심의 바로미터(barometer)'라는 마력때문에 선거출마자의 "코스프레성지(?)"로 충분하다. 그 다음으로 아웃사이더 코스프레가 있다. 여기에는 노조, 사회운동인사, 시민단체 등이 해당된다. 키워드 '순수성 상실', '약자라는 이미지(허상)'이 교묘하게 포장되어 있다.

억대 연봉 노조간부에게 전태일 열사의 순수성에 대해 질문하고 싶다. 또 '직능단체 비례대표제'라는 달콤한 유혹으로 정치판을 기웃거리는 정치꾼으로 변신하기 위해 항상 이 '아웃사이더 코스프레'를 이용한다.

어떤 인사는 그렇게 반미선동가로 자신을 코스프레하면서 정작 자기자식은 미국으로 유학보내는 이중성이 극에 달하는 행동은 '내로남불' 식으로 포장한다.(거의 궤변(詭辯)으로 변명한다)

이런 행태를 반면교사 삼아 우리 '안전'하는 사람은 작업자 등에게 진정성으로 다가가야 한다. 소위 '코스프레'가 가미되는 순간 신뢰관계가 무너진다. 동물들도 주인이 자기를 대하는 마음을 안다고 했다. 가식없는 행동, 말이 필요하다.

43. 生生之道

　一陰一陽之謂道, 太極 등등 연관 개념이 많다. 깊게 들어가면 머리가 아프고 우리 같은 凡人은 무리가 된다. 그 요점은 "한번 陰하고, 또 한번 陽이 되는 것을 '道'라 말한다" 쉽게 말하면 '반복의 미학'을 말하고 있다.
　나의 아버지 그리고 아버지의 아버지.... 이렇게 우리나라 국기인 '태극기'에서 태극과 같이 끊임없는 연속... 어제, 그리고 오늘 또 내일 계속 시간을 보내고 있다.
　그러나 매일 똑같은 일상이라 생각하였지만 그동안 지나온 삶을 반추(反芻)해 보라 정말 다이나믹한 나날이 아닌가 이를 과학적으로 정량, 계량화한 개념이 수학시간에 배운 '수열' 그중 '무한수열', '극한 값' 수학기호는 $\lim_{x \to \infty} f(x)$가 된다.
　제일 좋아하는 스포츠가 '권투'다 가장 원초적인 운동이며, 또 우리 인생과 많이 닮아 있다. 방심하는 순간 상대방의 '럭키펀치 한방'에 그 동안 이긴 것이 아무 쓸모없는 뜬구름이 되는 우리네 인생과 같다.
　직장인이 매일 출근하는 것과 같이 프로권투선수는 매일 체육관에서 같은 동작을 반복한다. 왜 일까? 바로 그 동작을 몸이 기억하고 体化하기 위함이 그 이유가 된다.
　명필가에 오르기 위해 천자루 붓을 닳아버려야 한다. 등등 '반복의 道' 바로 生生之道는 하루하루..... 미시적으로 보면 같으나, 거시적으로 보면 그 속에 다름(차이)가 보인다. 이 生生之道는 '안전'에서도 통용된다.

즉 '반복학습'으로 안전 행동습성화를 달성하는 것이다. 반복이 숙달되면 습관이 된다. 그리고 이 습관이 제2의 천성, 즉 안전습성이 된다.

〈생각해보기〉 우리는 '안전'이라는 직업병을 갖자.

44. 삼위일체

　이 삼위일체(三位一體)는 학창시절 영어 참고서의 명칭으로 기억한다. 三位를 생산, 품질, 경제성으로 정의한다. 기업에는 여러 분야가 있지만 '제조'한 부문에 국한하여 보면 생산-품질-경제성의 사이클이 중요하다.
　생산이 많으나 품질이 낮으면 시장에서의 생존이 담보되지 않는다. 또 생산-품질이 모두 좋으나 경제성(cost)이 문제이면 또 이와 같다. 정치적인 일화이지만 미국이 중국의 인권유린지역에서 생산되는 제품에 대한 수입제한 조치, 관세의 차등부과 등으로 하는 법안들이 있다.
　지구상 슈퍼파워인 미국이 인권 다음 '안전문제'를 이슈화하여 정치적으로 이용할 개연성도 있다. 이렇게 '안전'은 기업의 내적인 모멘트(moment)로 작용할 수도 전술한 기업 외적으로 즉 정치적 모멘트(moment)가 될 수 있다.
　그렇다면 내적 모멘트로 생산-품질-경제성의 사이클에서 '안전'의 포지션은 어디일까?
　결과부터 말하면 각 구성주체마다 물과 같이 스며 있어야 한다. 기획단계에서부터 이 '안전'이 개입해야 한다. 여기에서 멈추지 않고 제조외 다른 분야 마케팅 등등에서도 기업CI와 관련되어 부각되고 있다.

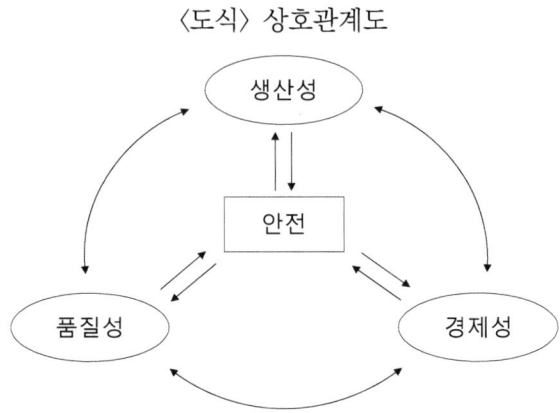

〈도식〉 상호관계도

　〈생각해보기〉 당신이 기업의 안전최고담당자라면 제일 먼저 무엇을 할 것인가.

45. 가장 안전한 상태(행동)

　도미노이론에서 3단계인 불안전한 상태, 불안전한 행동만 제거되면 사고·재해는 발생하지 않는다고 주장을 한다.
　과연 불안전한 상태, 불안전한 행동이 100% 존재하지 않는 작업공간이 현실적으로 가능하다고 할 수 있나?
　단지 '가상의 공간'이라 정의 할 수 있다. 마치 수도자, 수행자가 종교적 완성을 위해 평생기도하고 수행하는 것처럼 우리 '안전'하는 사람도 이런 수행자의 마음이 필요하다.

　〈쉬어 가기〉
　어느 특정 종교집단에서 '일명포덕행위'라 하여 행인에게 다가섰어 '도를 아십니까' 물어보는 일이 있다
　換字하여 "안전을 아십니까?"

46. 안전 설계기법

　70, 80년대 일본 경제의 호황기때 일본에 품질 등 도요다 생산방식에 대한 연구를 위해 방문한 사람에게서 접한 이야기를 하면 '품질분임조운동'의 한 단면이라 할 수 있는데 도쿄 한 복판 룸싸롱 여종사원도 품질분임조 활동을 한다는 사실을 접하고 혼돈스런 생각을 한 적이 있다.
　만약 안전기법을 도입하는 룸싸롱도 존재할까. 요즘 같은 시대에 있었던 일이라면 여론이 어떨지 궁금하기도 하다.
　또 국내 모 자동차회사에서 광고카페에 '브레이크 장치 이중화'라는 문구가 사용된 적이 있다. '안전'이라는 목표를 달성하기 위해 하나가 고장으로 위험 상태가 발생하였다고 하더라도 다른 하나가 그 위험을 방지하는 것이랑 속담 중 현명한 토끼는 여러개의 굴을 판다는 말과 같은 맥락이다. 이것을 '다중계화'라는 명칭으로 정의된다.
　안전율을 확인할 수 있는 것이 우리가 타는 엘리베이터의 설계에도 안전율을 높인 방식으로 안전을 확보한다. 그 외 fail safe, fool proof, back up, fail soft가 있다. 또 주변 생활 공간에서도 안전기법이 적용된 사례가 있다. 전기장판의 과열 방지 장치 등등 이제는 '품질과 안전'이 앞서 언급한 재화에만 적용된 것을 넘어 서두에 언급한 룸싸롱 서비스업, 유흥업 등등 요즘 hot한 감정노동자의 감정까지 그 대상이 확대되었다.
　산업안전보건법 등에서도 이런 추세를 감안하여 법제화 하였다.

'안전'하는 사람들의 활동무대가 넓어졌다. 안전에 대한 하드웨어와 소프트웨어가 동시에 요구되는 그런 이유이기도 하다.

〈생각해보기〉
사회전반적 영역으로 확대되는 '안전' 어떻게 생각하세요

47. 話頭(화두)

　공안(公案)이라고도 한다. 종교라고 하면 거부 반응을 일으키는 사람이 있으니 불교철학이라 하겠다.
　이 화두에는 1,000여 가지가 있다. 그 중에서 '백척간두진일보'라는 공안(公案)이 나를 지키고 있다. 백척이나 되는 절벽(높은 장대)에서 눈을 감고 한 발짝 앞으로 간다고 할 때 "한발짝 가는 찰나의 마음(?) 또는 변화 그리고 느낌 등" 그렇다면 어떻게 이 화두를 붙잡을까?
　"사나운 코끼리를 피해 도망가다 웅덩이에 빠졌는데 독사들이 득실거리는 곳이다. 그 때 칡넝쿨을 붙잡아 떨어지지 않았다. 다행히 칡넝쿨에서 흐르는 물을 조금씩 마실 수 있다." 이 때 칡넝쿨을 붙잡고 있는 간절함으로 화두를 붙잡아 한다. 이 화두법은 수행의 한 방법이다. 밥 먹을 때나 잠잘때나 언제나 절박함으로 화두만 갈구하면 우리에게 깨달음이 부지불식간에 찾아온다. 이것을 심리학 또는 스포츠심리학적으로 치환하면 마인드컨트롤(mind control) 또는 이미지트레이닝(image training)으로 볼 수 있다. 이미지 트레이닝의 실례로 어떤 일로 10년을 감옥살이를 하다 출소한 연주가를 보고 세상 사람들이 그의 피아노인생의 종말을 말하였다. 그러나 출소 후 그 피아노연주가의 연주를 듣고 그 연주속에 성숙함, 농후함이 느껴져 그 이유를 물어보니 매일매일 머리속에 건반을 그려 연주하는 '이미지트레이닝' 하였다는 말을 하였다. 이런 사례를 안전에 접목하여 '안전' 일을 하는 사람이 안전작업공간을 만들기 위해 작업전 위험 포인트(H·P)를 설정하고 수행자가 화두를 붙잡고 용맹정진하듯 권투선수가 거울 앞에서 섀도 복싱하듯 이미지 트레이닝하면 '안전' 일에 도움이 될 것으로 생각한다.

⟨생각해보기⟩ 여러분의 안전화두는?

48. 동초, 입초

경제 활동에는 재화 창출, 용역 창출이 있는데 군인이 주간, 야간, 위병근무 등도 경제 활동의 일환으로 보는 경제학자도 있다.

즉 '공공재창출'로 본다.

요즘 이슈로 '민간군사기업'이 등장하는 것으로 이 경제학자의 발언을 사실 근거에 기초한 주장임이 증명되었다. 옛날에는 '국방'이 국가의 영역이라 생각하였다.

군 작전에서 중요한 작전이 경계작전이며 이것은 시작과 끝이라 할 수 있다. 이 '경계'의 기초가 흔히 말하는 '보초'로 알고 있는 초병의 역할이 크다. 여기에는 '동초', '입초'가 있다. '동'은 動이며 '입'은 立이라 요즘 건설현장이나 작업현장에는 '안전감시단 등'이라는 제도가 있다. 또는 '안전지킴이' 등등 유사한 이름으로 '안전'을 수행하고 있다.

여기에는 안전주시법(安全注視法)으로 입체적 주시, 평면적 주시가 있다. 작업자들의 작업동작, 설비 등을 한쪽면만 주시하는 것과 뒷면, 앞면 등 사면(四面)에서 주시하는 것으로 구별할 수 있다.

이런 주시법에 따라 '안전조짐'을 잘 감지할 수 있다고 생각한다.

〈생각해보기〉

핸드캠, CCTV(지능형) 등 현장 주시방법이 있는데 사람이 하는 주시(注視)와 어떤 차이점이 있는지…?

49. 안전은 "쇼"다

　조금 황당한 말이다. 옛날 직장선배한테 전해 들은 이야기이다. '안전'이 찬밥이 아니라 천덕꾸러기일 때의 사례라 할 수 있다. 지금은 안전모 쓰는 일이 정착되었으나 그 때는 작업자들에게 안전모 씌우는 일도 힘들때였다.
　사전에 현장소장과 짜고 '안전모'와 관련하여 크게 싸우는 모습을 연출하자. 이것을 본 작업자들이 안전모 쓰는 일이 일어났다는 일화를 말하였다. 일종의 극약처방이라 할 수 있다. 당의정(糖衣錠)이라는 단어가 있다. '약의 쓴맛'을 단맛으로 겉만 포장한 약이다. 약효는 그대로인데 약을 싫어하는 어린이에게 살짝 거짓말을 하는 것과 같다.
　혹시 여러분 '김일'선수를 기억하십니까? 특히 박정희 전대통령이 무척 좋아하였다고 한다. 그런데 이런 박대통령에게 전두환이 "각하 레슬링 전부 쇼입니다. 왜 보십니까?" 이 한마디에 미운털이 박힌 적이 있다는 일화도 있다. 또 한 때 사회적으로 "노쇼운동"이 유행한 적이 있다. 식당 등에 예약하고 일방적으로 파기하는 행동에 대한 자성의 목소리로 사회운동의 일종으로 TV, 언론 등에서 주도한 적이 있다.
　그런데 이런 '쇼'도 우리 '안전'하는 사람에게는 필요하다. 일종의 '말빨'을 세운다고 볼수 있다. 또 '안전'하는 사람은 소위 '심리전(?)'에서도 능통해야 한다. '하얀 거짓말'도 필요하면 해도 된다. '안전'이라는 목적(목표)을 위해 마치 프로레슬링 선수들이 사전에 '합'을 맞춘 '쇼'라 하더라도 우리에게 '재미'와 '희망'을 줄 수 있다고 하면 그것으로 만족한다. 김일 선수의 박치기 한방에 주걱턱의 '이노끼'가 통쾌하게 꼬꾸라지는 모습... 지금 생각해도 정말 유쾌, 상쾌, 통쾌 하다.

〈쉬어가기〉 혹시 전남지방인 고흥쪽 근방으로 갈 때 '김일 기념관' 방문을 추천합니다.

50. 전쟁터에 가는 병사의 마음가짐

국감장에서 군 최고층 인사에게 한 국회의원이 '우리의 적은 누구입니까?'라는 질문에 이 인사는 머뭇거리고 명확한 답변이 없자 이 국회의원이 우리 군대의 '대적관'에 대해 날선 비판을 쏟아냈다.

요즘 해외 뉴스의 중심인 러·우 전쟁에서도 러시아의 손쉬운 승리가 예상되었으나 이 예상이 빗나간 가장 큰 요인도 "왜 싸워야 하는 이유"가 러시아 병사들에게 결여 되었다는 것이라 생각한다.

역사학자들이 점령과 통치의 관점에서 우리 역사를 보면 특이한 점이 있다고 한다. 대부분의 나라 또는 민족은 점령이 되면 쉽게 통치가 되는 기조가 있다면 우리 역사에서는 이 '점령=통치'가 성립하지 않는다는 것을 주목한다. 여기에는 '한국사람의 氣와 義 정신'이라고 하는 키워드가 있었기 때문이다. 그 방증으로 삼별초 대몽항쟁, 조선시대 의병 등등 수없이 많다. 그리고 일제 강점기때 독립전쟁이 있다.

이 "일제강점기때 독립전쟁"이라는 문장에서 '독립운동'이 아니라 '독립전쟁'이라는 표현속에 담긴 역사적 사실 때문이다.

여기에는 '1945년 8월 15일'이라는 날짜가 일상적인 일짜가 될 뻔한 사실이 숨겨져 있다. 만약 우리에게 이 '독립전쟁' 없었다면 지금 현재도 '일본'이라는 집단에 예속될 수도 있었다는 사실이다.

일본이 2차대전에 패망하면서 동남아 등 식민지는 포기하여도 끝까지 한반도만큼은 포기하지 못한다고 연합국측에 주장하였다. 왜냐 일본과 조선은 이미 '조약(?)'에 의해 한 나라가 되었다는 근거로 끝까지 주장하였다. 그러나 연합국측 주장속에 이 '독립전쟁'의 역사가 있음을 반론 주장의 논거로 제시하였다. "한 나라가 되었는데 왜 지금까지 전쟁하고 있냐" 이에 일본의 간악한 흉계가 뭉개졌다.

이런 일본집단(?)의 행태를 보면 분노가 치밀어오른다. 좀 진정하고......

아무튼 안전에서도 똑같은 효과가 성립한다. 산업안전보건법 등에서 안전에 대한 교육을 기능교육, 지식교육, 태도교육으로 구분하고 있다.

그 중에서 '태도교육'은 "왜! 우리가 안전하게 작업해야 하는 이유"를 주 내용으로 하고 있다. 그러므로 기능, 지식교육도 중요하지만 이 '태도교육'에 주안점을 두고 교육하는 것을 주장한다. 태도교육에는 '안전가짐'이 있기 때문이다.

〈쉬어가기〉

신체, 정신을 종합적으로 측정하는 종합음주측정기

만약 술 취한 사람이 있을 때 이 사람에게 단도직입적으로 "1+1"의 답은 무엇인가요. 이 질문에 시답지 않은 소리를 하면 100% 취한 사람이고 3초의 머뭇거림없이 '2'라 대답하면 이 사람은 단연 술 취한 사람이 아니다. 한번 테스트해 보세요. 신뢰율 99.9%입니다.

51. 안전과 숫자

어떤 보고서에 "가능성이 높다"와 "가능성이 85%정도 됩니다" 이 두 가지 문구 중 어느 문구가 명확성, 확실성, 설득력 등에서 더 유리할까요

역사학자들이 16세기까지 동양이 서양보다 과학문명 등 사회 전반으로 선진화 사회라는 사실에 동감한다.

일례로 중국 명나라때 "정화"라는 사람에 의해 지금의 아프리카까지 탐험(장거리 항해)하였다는 역사적 사실로 증명한다. 그러나 그 후 '해금령'이라는 조치(정책 때문)로 더 이상의 해외진출이 없었다. 역사에 '가정, 만약'이 없지만 이 해금령이 존재하지 않았다면 충분히 아메리카 대륙까지 발견했을 것으로 합리적 유추가 가능하다. 몽골의 징키스칸 그리고 원나라 등등 수없이 많다(역사적 방증).

이런 동·서양의 차이가 역전된 이유는 무엇이라 할 수 있나? 여러 이유 중에서 "계량화, 수치화 등"이 단연코 중요한 요인이라 할 수 있다.

그렇다면 서양이 이 「계량화, 수치화, 정량화」에 쉽게 접근하였던 이유로 우리가 흔히 알고 있는 '아라비아 숫자'의 보급·사용에 있다.

한번 비교해보자

숫자 '365' 간결하게 표기되는데, 한자로 쓰면 '三百六拾五'라 표기된다. 직관적으로 인지할 수 있는 '간결성'에서 차이를 보인다.

조선이나 중국의 「수학서」류를 보면 이런 간결성이 극명하게 표출된다. 수학의 한 분야인 「代數學」을 소개하면 '숫자를 대신한다'의 '代', '數'에서

그 의미를 알 수 있다. 숫자대신 문자(a, b, c 등)를 이용하여 수의 관계, 성질, 계산 등을 연구하는 분야다. 원주율, 함수, 미지수 등등의 개념이 동양에서도 존재하였으나 이를 직관적으로 인지하였다. 즉 정성적인 표현만 있을 뿐인데 서양에서는 이를 정량화, 수치화한 차이만이 있을 뿐이다.

그렇다면 이 '숫자'는 안전에서 어떤 모습으로 나타날까 '치사량'이라는 키워드로 이해할 수 있다. 한자로 致死量 즉 죽음에 이르게 하는 (致死)의 뜻이다. 전기안전이나 화공안전에서는 이 숫자의 의미가 크다.

전기안전에서는 「접근한계거리」라 하여 '전기의 크기'에 따라 안전거리 유지가 안전에 직결된다. 화공안전에서는 인체대신에 실험용 동물을 통해 그 유해성 수치를 설정한다. 반면에 기계, 건설안전에서는 「인체계측자료」 등이 주로 사용된다.

전기나 화공안전에서 '숫자'는 치사량과 밀접하고 기계안전이나 건설안전에서는 이 치사량과 상호관련성이 적다고 볼 수 있다. 이런 관계를 '오차와 공차(허용된 오차)'로 비유하여 이해할 수 있다.

그래서 우리 '안전'하는 사람은 '숫자' 설정에 대한 이유내지 근거를 먼저 숙지해야 한다. 단순 지엽적으로 이 '숫자' 그 자체에 너무 집착하지 말고 그 '숫자'로 안전의 전부를 하였다고 하지 마라 숫자는 숫자일 뿐이다

〈관련 검색어〉 수치에 관련된 「단위」

52. FM위에 AM이 있다

'FM대로 해라' 이 말을 군생활하면서 많이 들었다. 각종 교육, 훈련 중에 자주 쓰인다. 이 'FM대로 해라'는 원칙, 규정, 규범 등에 따라 수행하라는 뜻이 내포되어 있다.

우리가 어떤 프로젝트를 수행함에 변수, 돌별상황, 변칙 등이 없을까 가장 가까운 사례로 캠핑지에 도착하였을 때 꼭 부족한 것이 있다.

이 부족한 점을 현장에서 해결할 때의 재미도 일종의 캠핑 묘미라 할 수 있다. FM과 AM이라는 것의 내재된 속뜻은 FM은 원칙, 규정 등이라면 'AM'이란 앞서 언급한 캠핑에서 부족한 것을 '현지조달, 현장의 방법 등'으로 해결하는 일종의 솔루션(solution)이다. 즉 변통(變通)하다의 '변통'의 의미가 있다. 이런 연유로 인해 선현들도 正道와 變通라는 것의 중요성을 간파하고 논어, 맹자의 완전한 체득내지 공부 후에 주역(역경)의 공부를 추천하였다. 즉 원칙 등에 충실한 후에 변칙이 있어야 한다는 것이다.

원칙 등에 대한 아무런 베이스가 없이 변칙등만을 구사한다면 곤궁에 빠질 수 있음을 경계하자는 취지가 있다.

'저 사람은 FM적이다'이라는 속뜻은 벽창호같다는 의미가 아니다. 즉 "사면(四面)이 꽉 막힌 융통성이 없다"는 말이 아니고 소위 'FM'과 'AM'의 적절한 융통이 발휘되는 것을 가리킨다. 이것을 '안전'하는 사람에게 차용하면 '안전'에서 '사소한 것'이 어떨지 모르겠지만 전체 작업흐름상에서 상대적 의미로 '사소한 것'에 방점이 있다. 원론적으로 안전에서는 아무리 사소한 것이라도 용납되면 안된다. 안전작업공간에서 후자가 아닌 전자의 '사소한 것'에 수다쟁이 아줌마의 잔소리 같은 지적질로 마구마구 침대포를 쏘아대면 이것이 FM적이고 아주 '안전일'을 잘 하는 것으로 오인하는 경우가 많다. 지적질에도 스킬이 있다. 비유하자면 우리 모두 경험한 적이 있을 것이다. 마침 공부할 마음이 생겨 책상으로 가는데 이때 엄마의 등짝 스매싱과 동시 "야! 이××공부 좀 해라"하면 공부할 생각이 순식간에 없어진 적이 있을 것이다.

이상과 같이 안전작업공간을 위한 '지적질'도 '타이밍의 기술'이 필요하다. 작업의 흐름, 작업의 맥도 모르고 마치 '조장 농부'와 같은 오류를 범하는 경우가 많다.

'산소부채'라는 말이 있다. 한참동안 숨을 참고 있다. 한번에 숨쉴때의 형태이다. 작업자가 작업공정상 바로 다음 공정으로 할 행동을 미리 관리자가 지적질하는 것은 '엄마의 스매싱, 잔소리'와 같은 행동으로 지양해야 한다. 잔소리 같은 지적을 유보하다 진짜 중요한 지적을 했을 때 소위 말빨이 세워진다. 마치 '산소부채'와 같은 효과를 기대할 수 있다.

또 '감정있는 지적질'은 안전의 최대 유해요인이 된다. 그리고 안전을 위한 안전이 아닌 '인권'을 위한 안전이 되어야 대승적으로 보면 안전이라는 직업 네임벨류(name value)가 올라간다.

〈생각해보기〉 음주운전예방카피 "이런데도 음주운전 하시겠습니까"
"이런데도 감정지적질 하시겠습니까?"

53. 인간실수와 안전

　실패는 성공의 어머니다. 인간은 실수를 통해 배운다 등 '실수'라는 단어에 관련된 말들이다. 또 역설적으로 실수를 통해 위대한 발견내지 발명도 있다. '스테인레스' 재질의 발견이다. 불량으로 버려진 철판더미 속에서 반짝이는 물체를 발견한 것을 그 시초로 본다.
　그리고 미국의 어느 시골 약국 보조약사의 조제실수로 탄생한 것이 '콜라'이다. 그외 수많은 사례들이 존재한다. 어떻게 생각하면 죽을 약 옆에 살약이 있다고 이 '실수'가 인간에게 부정적인 요소로 존재하지만 한편으로 '살약'같은 존재이기도 하다. 과연 인간이 실수하는 행동속에는 어떤 속성들이 있을까 우선 사고 사례를 살펴보자.
　옛날 지게차 기사의 짜증거리(?)라 할 수 있는 화물 크기 등에 따라 일명 빠루라는 막대기로 지게발 다리를 조정하는 일이었다. 비나 눈이 오는 날씨이거나 지면이 질편한 상태일 때 등 운전실에서 내리기 싫은 마음이 생겨 지게발다리 조정없이 올리다. 불균형으로 화물이 떨어진 경우가 있다. 또 고사성어 중에도 "畵蛇添足"이다. 즉 '사족을 달다'라는 말의 연원이 된다.
　옛날 화공(화가)이 뱀그림을 완성한 후 심심한(?) 마음이 생겨 뱀에 다리를 그렸다는 내용이다.
　이상의 일화를 근거로 1.생략 2.순서 3.시간 4.과잉(추가) 등의 속성이 존재한다. 칭하여 4대 속성이라 하며 이 4대 속성을 촉발시키는 요소로 개인의 버릇, 습성, 습관, 성격 등이 있다. 여기에 인체특성으로 '착시 등'도 작용한다. 옛말에 습관은 제 2의 천성이라고 말하듯 그 연원이 깊다.

그렇기에 우리 '안전'하는 사람은 작업자등과의 소통하는 능력이 필요하다. 설문조사 등등의 방법보다 휴식시간, 점심시간 등을 통해 소소한 소통으로 '개인성향' 파악하는 일 또한 안전작업공간 구현에 도움이 된다.

〈생각해보기〉 당신의 일생 중 가장 큰 실수는 무엇이라 생각하나

54. 군대스리가

　대한민국 여성들이 술자리에서 남자들의 군대이야기가 싫고 더더욱 싫은 것이 군대에서 축구한 이야기라고 한다.
　대한민국 남성이라면 축구(족구)에 관한 일화 하나쯤은 누구나 가지고 있다. 수요일은 전투체육의 날이라 하여 강제적(?)으로 축구나 족구를 해야 했다. 이때 개발(犬-)인 병사는 정말 고달픈 하루였다.
　그러나 이런 병사도 군대 짬(?)이 차면 고수로 변한다. 군대에서 '야전삽 하나면 산도 옮긴다"라는 말이 있다. 정말 '禹公移山'에서 우공(禹公)이라는 노인이 울 정도이다. 독일의 분데스리가에서 '차붐'의 주인공도 군대스리가 출신이다.
　수요일마다 열리는 군대스리가에서 우승하면 점호의 끝판왕 '취침점호'가 있고 반대로 진 팀은 얼차려, 갈굼 등이 기다리고 있다.
　족구할 때 '오늘 구멍은 김일병이다'라고 하면 모든 볼이 김일병 앞으로 간다. 속칭 고문관이라 하여 즉 관심병사에 대해 특별관리(?) 한다.
　학교에서의 '왕따' 그리고 직장에서도 '왕따'가 있다. 이런 현상이 사회 이슈화되자 산업안전보건법 등에서도 명문화되었다.
　무리내의 부적응자의 존재도 '안전'이라는 테두리 안으로 진입한 것이라 본다. 이런 부적응자의 개념이 산업안전보건법 등에서는 재해누발자라는 명칭으로 통용된다. 그 유형으로 소질성, 상황성 등등으로 분류한다.

우리 '안전'하는 사람도 안전작업공간을 위해 주의·관리가 필요하다. 인간의 돌발(돌출) 행동이 사고로 직결될 수 있다.

〈생각해보기〉 돌발 행동이 발생하는 원인은 무엇이라 생각하는가

55. 소크라테스 교육법(대화법)

우리나라 산업안전보건법 중에서는 '교육'에 대해 명기하고 교육대상별, 작업형태별, 교육당 시간까지도 제시하고 있다.

안전조직상 안전교육에 대한 책무가 주어진 관리자가 있다. 그리고 교육할 내용까지 적고 있다. 이런 것들은 모두 하드웨어적인 범주에 속한다. 그리고 안전점검시에 대비한 요식적 행위로 서류상 교육이 성행하고 있는 현실이 초래된다. 또 규모가 되는 사업장에서는 안전체험학교 등의 명칭으로 법정안전교육에 맞추고 있다.

이런 행위 등을 폄하하지 않는다. 하지 않는 것보다 백번 낫다 한 가지 살펴볼 수 있는 것이 있다. 세계에서 장교하면 미국이고 부사관하면 독일이 최고라고 한다. 그렇다면 병의 수준은 어디일까. 바로 대한민국의 사병수준이 단연 최고라고 칭송한다. 옛날 '팀스프리트'라는 한미연합훈련에서 미군 사령관이 한국 해병대 수준, 훈련 등을 보고 극찬한다.

한미연합훈련 때문에 미 본토 그외 지역에서 온 미군병사들 중에는 자기 이름도 제대로 못 쓰는 사병이 있는 것을 보았다.

여기에는 대한민국의 사병교육수준이라고 자평하는 사람이 많지만 진정으로 높은 수준을 유지시켜 주는 것은 '내무반 생활'에 있다고 할 수 있다. 선배세대 중에는 대학생 후임을 먹물 먹었다. 가방끈 길다 등등 이유로 갈굼을 당했다고 한다. 결국 군대에서는 소위 '짬'이 해결한다는 속설이 있다.

24시간 같은 생활공간에서 고참병사로부터 몸으로 체득한 전투기술 등은 어떤 군사교범보다 실질적이고 유효하게 작용한다.

즉 도제식 교육의 일종이라 볼 수 있다. 여기서는 대화법이 이용된다. 몸으로 기억한 것은 오래간다. 소크라테스의 대화법 교육은 잠재적 앎을 일깨우는 방식이다. 교육자가 피교육자에게 '단계적 물음'을 통해 피교육자에게 내재된 자신의 '잠재적 앎'을 스스로 꺼내게 한다.

참 피상적인 발상이라고 할 수 있으나 그 교육 효과는 높다고 본다.

제가 현장근무할 때 고참 작업자가 틈틈히 용접작업에 대한 Know how(노하우)를 후배 작업자한테 말하였는데 그 교육진척도가 좋다는 것을 확인하였다. 여기에 더하여 '안전'에 대한 방법도 포함되었다.

이런 것들을 우리 '안전'하는 사람은 벤치마킹해 활용해 보는 시도가 필요하다.

〈생각해보기〉 TV프로그램에서 가끔씩 '달인'이라는 이름으로 출연하는 사람의 작업 모습에서 무엇을 느낍니까?

56. 안전의 불확실성(?)

옛날 국영기업 한국전력(약칭 한전)에서 발주하는 송전탑 공사에 입찰할 때 안전관리비 계정과 별도로 중대재해 발생비용을 계상하여 견적서를 작성한다. 그 만큼 재해 발생률이 높다는 방증이다.

안전에서 불확실성이 있다는 것은 피드백이 존재하지 않는다는 전제가 깔려 있다. '사고'가 발생하였는데 사고전 상태로 되돌릴 수 없다는 말과 같다. '품질' 분야와 비교하면 생산과정에서 불량품이 발생하면 불량품이 발생하기 전으로 어느 정도 되돌릴 수 있다. 샘플링 검사, 전수검사, 재가공 생산 등 수습하는 기회가 있다. 그 발생요인도 수학적 모델링으로 계량화, 정량화 하여 과학적으로 규명할 수 있다. 그러나 안전(사고) 재해가 발생하면 정성적 분석으로 규명하게 된다.

우리는 안전관리론 등에서 사고발생 도미노 이론이 있는 것을 안다.

1단계: 선천적 결함(사회, 유전 등등 결함)
2단계: 개인적 결함
3단계: 불안전한 행동, 불안전한 상태
4단계: 사고
5단계: 재해(상해)

이상 5단계 중 도미노 원리에 의해 3단계만 제거하면 사고, 재해(상해)가 발생하지 않는다는 논지이다.

그렇다면 3단계의 불안전한 행동, 불안전한 상태 중 이 '불안전한 상태'는 객관적 측면에서 어느 정도 안전 상태로 조정 가능하다고 상정 하더라도 '불안전한 행동'에서 우리는 불확실성이 상존함을 인지할 수 있다.

이 불안전한 행동에는 '인간의 실수', '돌발(돌출) 행동'이 내포되어 있다. 이 실수도 예측가능 실수와 예측불가능 실수로 대별할 수 있다.

그렇다면 이 '예측불가능 실수'는 어떤 관점으로 접근해야 하나 옛날 속담에 '원숭이도 나무에서 떨어질 수 있다'라고 했다.

이 속담에 내포된 의미는 '실수할 것이라고 전혀 예측 못하였다'는 전제가 있다. 즉 '예측 불가능 실수'라고 할 수 있다. 그러나 '품질' 업무를 하는 부서에는 'QC/QA'라는 명칭이 사용된다.

품질관리와 품질보증으로 볼 수 있는데 품질에는 '보증'이라는 단어가 있다. 즉 '보증한다'에서는 확실성이 존재한다는 의미가 있다. 그렇다고 '안전'하는 사람은 포기하면 안된다. 안전 기법 중 fail soft 기법도 있다는 것을 알고 '盡人事待天命'이라는 故事에서 '盡人事'하는 마음으로 '안전' 일을 하면 된다.

아무리 안전에 불확실성이 설령 존재한다고 하더라도 盡人事하고 待天命하면 된다.

〈생각해보기〉 확실성과 불확실성

57. 산업현장의 은어과 안전

'은어'라는 것은 무엇이라 생각하는가.

옛날에는 법률용어 순화운동이라하여 일상생활에서 동떨어진 어려운 한자어를 순화하자는 사회운동이 있었다. 소위 먹물든 사람들의 은어라 할 수 있을까. 더 넓게 생각하면 '사투리'도 일종의 은어라 할 수 있다. 특정지역에 사는 사람만의 은어이다.

즉, 이 '은어'에는 사용하는 인원 사이의 유대감 내지 동질감의 표현이라 정의하면 된다. 사투리에 얽힌 사연을 소개하면 거래처 사람이 어느 특정지역 사람이면 꼭 그 지역사람의 직원을 보내는 일도 있었다.

한국 사람에게 속칭 3대 마피아가 있는데 특정지역 향우회 그리고 K대 교우회, 깡으로 하는 동지회가 있다. 가령 특정지역에서 고등학교 졸업하며 K대에 입학하며 깡으로 하는 군대에서 전역하면 이 사람은 대한민국 3대 마피아 소속원으로 인맥이 빵빵하다는 말이 있었다.

또 '어문일체운동'도 은어에 대한 문제일 수 있다. 해방 전후로 문어체와 구어체를 통일하자는 문예사조의 일환으로 일어났다.

쉽게 말하면 문어체는 글말이라 할 수 있고 구어체는 입말이 된다.

옛날 산업현장에서는 일당이나 품삯을 '간죠(간조)'라 말하는 사람이 많았다. 또 '버니어캘리퍼스'라는 측정도구를 일명 '녹이스'라 칭하였다. 등등 수없이 많다. 그런데 이 '녹이스'라는 은어에는 축약성이 있어 장점아닌 장점(?) 있다.

　이렇게 은어와 안전에서 살펴보고자 하는 것은 '소통'에 방점이 있다. 가령 선배 작업자가 후배 작업자에게 은어를 사용하였을 때 '불통'이라는 문제가 발생할 수 있다. 그래서 공업계 고등학교에서는 현장실습이나 취업자(학생)에게 현장에서 사용되는 '은어'를 교육한 적이 있었다.

　앞에서 살펴본 '은어'에는 장점아닌 장점(?)이 있지만 '소통'에 저해되지 않는 범위내에서 적절히 조절할 이유가 있다. '안전'하는 사람도 이점을 숙지·인지하는 일이 필요하다.

〈쉬어가기〉 여러분의 일터에 '은어'가 있는가요.

58. 생활안전, 사회안전, 산업안전

　안전의 외형이 확대되고 있다. 이런 흐름에 따라 산업안전보건법 등에서 새로운 사안들이 등장하였다. 얼마전 국내 중견 건설업체가 서울 시내 도심지에 위치한 건물해체 공사 중에 해체물의 붕괴로 인해 행인들에게 상해가 발생한 사고(재해)이다.

　이 사고에 대해 산업안전보건법 등에서 "안전보건 진단을 받아 안전보건개선계획" 제출하도록 하여 '사회(중대) 재해'에 대한 개념이 도입되었다. 오래 전에 대구염색공단에서 발생한 페놀유출사고 등 그 피해가 해당 사업장에 국한되지 않고 사업장 주변까지 확산한 재해에 대해 엄중대처하고 예방하고자 하는 취지가 담겨져 있다. 앞서 언급한 해체물 붕괴사고는 해체공사 안전대책(조치) 중 "해체물 전도, 낙하, 비래(비산)의 안전거리미확보 등"이 그 원인으로 도출된다. 이제 '다이나믹 코리아'에서 '안전한 대한민국'으로 국가 CI가 변화하고 있다. 이 변화의 중심에 우리 '안전'하는 사람들이 있다. 자부심과 책무가 동시에 요구된다.

〈관련 검색어〉 해체공사 안전지침

59. 사과를 먹는다 그 이유는?

사과를 왜 먹습니까? 이 질문에 다양한 대답이 있겠지만 '맛' 때문에 먹는다는 대답이 대다수일 것이다.

현장 근무할 때 현장내에 있는 식당 소위 한밭집이라 한다. 한밭집 아줌마가 왈(曰) "○○○씨 밥 먹는 모습만 보아도 없던 입맛이 돌아온다" 옛날 어른들이 흔히 하는 말 중 '그 놈 참 복스럽게 먹는다'는 말과 일맥상통한다.

또 먹다 죽은 귀신이 때깔도 좋다, 밥을 깨작깨작 먹으면 있던 복도 달아난다 등등 '음식과 맛'에 대한 격언 등이 많다. 진짜로 맛있게 먹는 순간만큼 거의 무아지경(無我之境)이면 음식보약이다. 즉 '음식보약'의 전제 조건은 '맛'이다.

사과의 맛이 사과를 먹게 한다. 그런데 사과를 먹으면 사과 속 비타민의 섭취로 인해 건강해지기 때문에 먹는다고 대답하는 사람이 있다면 과연 여러분의 생각은 어떤가요?

이것은 한 마디로 종속목적과 주목적의 전도현상이라 할 수 있으며 재미로 하는 사람을 당해내지 못한다는 속담이 있다.

그러므로 '안전'하는 사람에게는 '사과의 맛, 재미'가 있어야 한다.

안전이라는 직업을 단순 밥벌이의 수단이 아니라 인간애, 인류애를 가지고 해야 한다. 즉 인권의 관점에서 바라보는 인식 변환이 필요하다. 끝으로 한자 '親'의 파자(破字) 나무(木) 위에 올라 앉아(立) 동구 밖으로 자식이 오나 지켜보는(見) 부모의 마음을 '안전'하는 사람은 가져야 한다.

〈쉬어가기〉 밥은 맛있게 먹고 일은 재미있게 하자

60. 此獸若除 死卽無憾

최근 일본측 자료에서 발견한 이순신 장군이 친구 유성룡에게 보낸 서신의 내용 중에 있는 글이다. 우리의 소중한 문화재, 서책 등이 고국의 품이 아닌 타지에 아직도 미 발견된 상태로 어느 창고에서 썩고 있다는 사실에 마음이 아프다. 솔직하게 '이순신 장군'에 대한 일이 있으면 가슴이 먹먹한 감정이 앞선다.

제3자로 어느 외국 작가의 눈에 비친 이순신 장군은 어떤 이미지일까. 그 외국작가 曰

"역사적 사실만 존재하지 않았다면 이는 허구의 인물이라 단정할 수 있다."고 했다.

어떤 극작가가 "이순신 장군 인생 스토리 같은 위대한 문학 작품을 쓸 수 있을까?"라고 의심할 정도로 정말 드라마틱하다. 혹자는 애국심의 극대함을 높이 칭송한다. 그러나 인류애, 인간애에 기반한 애민심을 가장 높게 칭송하고 싶다. 2번의 백의종군(白衣從軍) 이것은 일반적 凡人 같으면 믿음에 대한 배신감으로 逆心之臣 내지 자포자기 인생이 되었을 것이 확실하다.

인류애와 인간애를 짓밟은 대상에 대한 분기탱천(憤氣撑天)한 마음내지 그런 신념(信念)에 정말 눈물이 난다.

"此獸若除 死卽無憾" 해석하면

'이 원수를 갚을 수 있다면 이 목숨 죽어도 상관없다'이다. 이 글 속에 이

순신 장군의 마음내지 신념(信念)이 함축적으로 담겨져 있다.

　신분제 사회에서 전사한 장졸들을 위한 위령제를 직접 주관하는 모습 중에서 이순신 장군의 마음이 여실히 드러난다. 이런 마음이 모든 이에게 통하여 23전 23승이라는 전무후무한 역사가 기록될 수 있었다. 그리고 세계 기록 문화 유산으로 지정된 난중일기(亂中日記)를 남기셨다. 이런 이순신 장군을 볼때 '안전'하는 사람으로 배울 수 있는 것은 '念心과 기록'이다. 주장하는 감성안전의 교범이고 안전기록의 중요성을 다시 한번 되새기게 한다.

　〈생각해보기〉 이순신 장군의 정신이 우리에게 있다.

61. 안전의 확장성, 융합성

국내 자동차 제조사가 미국시장에서 "10년 10만 마일 보증 수리제"라는 마케팅 슬로건을 내세울때 사내·시외에서 걱정과 비아냥 등이 난무하였다. 이 일화에는 당장 '뚝심의 사나이'라 표현되는 그 사람이 생각날 것이다.

또 '품질경영'이 한마디로 뇌리에 남아 있다. 오직 '품질'이라는 이 한 가지만 가지고 품질경영이 성공의 반열에 올랐다고 생각하는가.

단언컨대 '아니다'이 한마디가 대답이다. 여기에는 세 가지 톱니바퀴 즉 생산, 품질, 경제성(cost관리)라는 톱니바퀴가 유기적으로 돌아가야 한다.

이 3개의 톱니바퀴에 '안전'이 차지하는 포지션 내지 관계쉽(Relationship)은 상생관계(相生關係)로 귀결된다. 이 상생에는 '융합·확장'이라는 키워드가 내포되어 있다. 인식전환이 필요하다. 안전비용은 cost 상승요인이 아니라 안정적인 cost 관리요인이다. 만약 안전사고가 재해로 연결되었을 때 법적, 사회적, 내재적 비용의 절대 상승이 된다.

여기에서 내재적 비용은 사내교육, 체계정비, 생산 등 중단, 사기 등등 유형·무형으로 발생되는 기회 비용이다. 그러므로 안전활동은 생산, 품질 등 회사의 경제활동(재화, 용역)의 저해요인이 아님을 회사 구성원 모두 정확하게 인식해야 한다.

〈관련 검색어〉 기회비용
〈쉬어가기〉 세상일에 당신의 뚝심이 필요하다.

62. 순자 성악설, 맹자 성선설

　인간본성에 대한 철학적 고찰은 근세 서양에서도 순수이성비판 등으로 존재한다. 동양에서는 순자 성악설, 맹자의 성선설로 살펴볼 수 있다.
　여기에서 性(성)은 인간이 태어날 때 가지는 성품, 즉 원초적으로 내재된 성격, 마음으로 이해하면 된다.
　'赤子入井'이라는 成語로 성선설의 입증을 설명한다. 우물가로 기어가는 갓난아이의 모습을 본 사람의 마음을 근거로 거론하며 사람의 본성이 착하다는 말을 한다. 성선설에서는 이런 착한 본성이 제대로 발휘되도록 하는 것의 중요함을 설파한다.
　그러나 성악설에서는 원래 '아담과이브'에서 악마의 유혹으로 저주의 사과를 먹어 원초적 악함으로 태어났다는 것이다.
　이에 대한 대처방법으로 외부적 힘이 필요하다는 입장이다.
　가끔씩 언론상에서 천인공노(天人共怒)한 일이 발생하였다는 뉴스를 접하면 '인간의 탐욕성'을 과연 어디까지 인가를 自問하게 된다.
　단 이런 것을 보면 性無善惡說도 수용할 수 있을 것 같다. 여러분의 판단은 어떠신가요? 안전에서는 '안전본능'으로 살펴볼 수 있다. '안전'하는 사람의 관점에서 볼 때 작업자들의 불안전 행동을 '안전본성'의 논점으로 고찰할 이유가 생겼다.

　〈관련 검색어〉 성선설, 성악설, 안전본성(본능)

63. 안전의 역설(확률의 역설)

안전의 역설에서 이 역설은 逆說, 逆理 등으로 쓰며, 영어로 paradox이다. 이 안전의 역설은 확률의 역설로 귀결된다. 여기에서 가설을 제시한다.
"하나에서 열까지 모든 안전규정(수칙) 다 지키고 작업했는데 '사고'발생하였다. 작업(공정)흐름, 작업상황(환경)여건 등 감안하여 부득이 하게 몇 가지 규정(수칙) 안지키고 작업했는데 '사고'가 발생하지 않았다."

2002년 월드컵의 사령탑 '히딩크'가 한 인터뷰에서 월드컵 승리 가능성의 질문에 그의 답은 "매일매일 1%씩 이라도 그 가능성을 높이는 것"이라 했다. 어제의 승리 가능성을 5%이지만 오늘의 가능성은 6%, 7% … 이상 승리 확률을 높이는 것이다. 앞에서 언급한 가설 속에는 '안전확률'이 내포되어 있다.

과연 '안전확률 100%'가 존재할 수 있을까 여기에서 확실한 것은 안전은 수학이 아니라 수학공식이나 방정식 처럼 '정답'이 존재하지 않는다. 단지 '최적해'가 존재할 뿐이다. 회귀분석을 통해 도출되는 최적해와 같이 '최적의 안전상태'가 존재할 뿐이다.

즉 '안전'하는 사람은 안전규정 등이 안전확률을 높이는 하나의 tool로 인식하고 이 안전규정 등에 매몰되는 것을 경계해야 한다.

〈생각해보기〉 여러분의 '안전tool' 있습니까?

64. "안전제일"이 제일 싫다

생뚱맞다고 할 수 있다. 이 '안전제일' 너무 익숙한 것이기 때문이다. 우리는 새로운 변화를 위해 익숙한 것과 결별을 시도할 필요가 있다. 솔직히 조사가 없는 중국어(한문)의 어법 방식이 우리글에 차용된 것이다.

지금은 소위 쌍팔년이 아니라 우리의 글 '한글'이 세계화의 길에 들어간 지 오래 되었다.

위와 유사한 말로 '착석금지, 촉수금지 등등' 이 있었으나 요즘은 "이 자리에 앉이 마세요" 등등 이렇게 변화하고 있는 경향이 많다 가령 이렇게 표현하면 '여러분의 안전이 항상 먼저입니다.' 신선한 센세이션이 되지 않을까

말은 사람의 마음을 담는 그릇이고 행동의 기저이다. 그래서 말이 씨가 된다는 속담이 있다.

또 다른 관점으로 보면 이 '안전제일'에서 '경직성'이 느껴진다. '안전'이라는 生物에서 이 '경직성'은 문제가 된다. 이 '生物'은 모 정치인이 말한 '정치는 생물이다.'에서의 '생물'과 같은 의미이다.

죽어있는 것이 아니고 항상 움직이는 존재인 것이다. 옛날 우리 부모님세대에는 자식들이 '士'자 돌림 직업을 가지게 하기 위해 논, 밭, 소 팔아 서울에 유학보냈다. 오죽하면 대학의 상아탑이 아니고 우골탑이라 할까 '士'자 달린 직업은 생사여탈권, 인신구속권 등이 연관되어 있다.

옛글에 '사나운 정치는 범보다 무섭다'는 문구가 있다. 이것은 역사적 사

례로 충분히 검증되었다. 범보다 무서운 사나운 정치가 되는 첩경은 바로 '경직성'이다. 조선후기 '성리학 기반의 학문성의 경직화'가 얼마나 무서운지 우리는 우리의 근현대사를 통해 가슴저리게 체험했다. 여기에 '士'자 달린 직업인의 경직성도 한 몫했다.

이제 '안전'과 관련된 직업 또한 그 位相이 높아졌고 또 앞으로 더 높아질 것이다. 그렇기에 '안전'하는 사람은 경직성 없는 사명감이 요청되며 또 그런 직업군이 되었다.

〈생각해보기〉 생각의 경직성

65. 군 조직(學)에서 찾는 안전

'전쟁'하면 가장 먼저 떠오르는 격언이 '전쟁을 망각하는 순간 평화는 없어진다', '파괴는 창조의 어머니' 우리는 '임진왜란'이라는 역사적 사실에서 증명된다. 임진왜란이 일어나기 전까지 거의 200년 가까이 평화가 지속되었다. 즉, '전쟁을 망각한 시기'가 민족적 참사를 초래하였다.

'군인내지 군 조직'을 소비, 낭비적 요소로 인식하는 경우가 있다. 이런 이유로 자조(自嘲) 섞인 말을 한다. 군인을 돼지로 비유한다.

큰 잔치날 잡아먹기 위해 키우는 '돼지'와 같은 존재라 여긴다. 즉, 잔치를 위해 미리 준비하는 돼지(?) ..... 과연 여러분의 생각은 어떤지 궁금합니다. 이렇게 전쟁, 군인 등의 키워드가 부정적인 의미만 있는 것이 아니다.

앞서 언급한 '창조'라는 키워드도 존재한다.

군대에서 '보급'이 중요하다. 전쟁도 결국 이 사람이 한다. 사람에 필요한 의·식·주 문제가 똑같이 적용된다. 기마민족하면 '몽골기병'이 생각난다. '바람보다 빠른 몽골기병'이라는 말이 있다.

2차 대전 전격전의 전형이 바람보다 빠른 몽골 기병의 전략에 있다.

이런 말도 있다 말 위에서 인간의 모든 행위가 가능하다고 한다 먹고, 자고 등등 정말 전격전에 특화된 것이라 할 수 있다.

'요구르트, 육포'가 이런 과정 중에서 등장한 창조물이다. 또 있다 '통조림'도 나폴레옹의 원정에서 탄생하였다. 최초의 사례로 '인터넷'은 군조직

(學)에서 유래되었다.

　학문의 모태도 찾을 수 있다. 한 때 공과대학의 대표주자로 '산업공학과'가 대학입시에서 주가 상승한 적도 있다. 2차 세계대전 당시 독일 공군에 의해 영국 본토가 유린되는 상황이 되자 독일 공군기를 대공포로 공격하기 위해 레이더기지가 중요하였다. 독일공군기를 탐지하기 위해 이 레이더기지를 보호하기 위한 방법론으로 탄생한 것이 OR(operation research)라는 개념이다. 즉, 레이더망의 배치 등 의사결정기법이라 생각하면 된다. 전후 여기에 종사한 군조직의 사람들이 영국, 미국 등의 기업체에 진출하면서 형성된 학문체계가 바로 산업공학이다. 그 여파가 생산, 품질 등등 산업전반에서 그 파급력을 보여주었다.

　그래서 우리 '안전'하는 사람에게도 공부할 유용도가 있다.

　〈관련 검색어〉 산업공학, OR

66. 절차법인 형사소송법

'절차'에 무슨 법이 있을까라는 의구심이 생길 것이다. 그러나 이 '절차'는 '正義'로 가는 도구로 중요하다.

만약 '구속영장 등' 없이 집행하면 아무리 범법 행위가 성립되었다. 하더라도 법원 판결문에 "절차상 흠결로..... 기각한다"라는 문구를 접하게 된다.

그 만큼 이 '절차'라는 것이 중요하다는 방증이 된다. 군대에서도 '군장검사'라는 절차가 있다. 경계근무나 ATT, 동계훈련 등 훈련 참가 전에 실시하는 일종의 통과의례라 할 수 있다.

선배 전역자들로부터 들은 이야기를 하면 군장속에 가벼운 침구 등을 넣어 군장무게를 가볍게 하는 꼼수를 부리다 영창 간 사례도 있었다.

그 만큼 이 '절차'라는 통과의례가 어느 조직의 목적에도 부합하기 때문이다. 형사소송법 등에서는 '正義'가 군조직에서는 '전투력 보존'이라는 측면이 작용한 것이다. '안전일'하는 사람에게도 이것이 중요하다.

산업안전보건법 등에서도 '작업시작전 점검' 등등의 명칭으로 그 중요성을 부각시키고 있다. 안전대 등 공도구 점검에서 투입될 작업자의 건강상태를 점검으로 안전작업공간의 구성에 저해되는 각 요소들을 해소하는 것이 안전절차의 목적이 된다. 즉 안전에는 '지름길'이 없다는 사실을 체득해야 한다.

〈관련 검색어〉 작업시작전 점검

67. 농작물은 농부의 발걸음 소리에 자란다

'米'라는 한자를 보자 한 톨의 쌀에는 八十八 즉 88번의 손길이 가야 된다는 의미가 내포되어 있다. 어떤 의미에서는 쌀농사 즉 논농사가 '안전'에 관련이 있다. 밀농사와 쌀농사 중 동양권에서 왜 쌀농사가 성행했나? 이것은 서양에서는 주식이 밀이고, 동양권에서는 주식이 쌀이 된 이유와도 관련이 있다. 바로 '기후'가 그 원인이 된다. 만약 우리나라에서 논농사를 하지 않고 밀농사가 성행했다면 홍수로 대혼란이 야기되었을 것이다.

전국의 '논'에서 일정량의 빗물을 일정기간 저장하지 않으면 홍수대란이 일어날 것이다. 이것은 식량문제보다 생명, 생존과 연결된 문제였다.

또 '식량안보'라는 이슈로 유명한 '우루과이 라운드(UR)' 사태를 기억 할 것이다. 이 사태에 특이한 현상이 발생하였다. 세계 외교 현장에서 항상 대척점에 있던 한국과 일본이 '식량안보'라는 이슈 때문에 공동보조를 했다는 것이다.

그리고 이때 유명한 成語가 '身土不二'였다. 심지어 이 成語로 만들어진 유행가도 존재했다. 여기에서 우리 '안전'하는 사람은 농부의 마음이 필요하다. 바로 정성(精誠)과 안전과 '나'는 둘이 아니라 하나이다. 즉 '身安不二'의 마음가짐이 있어야 한다.

〈생각해보기〉 안전은 우물 안 개구리가 되면 안된다

68. 질량보존의 법칙

중학교에 입학하여 '물상'이라는 과목을 처음 접한 기억이 남아 있다.

형상이 변화하지만 결국 그 총량은 일정하다는 개념으로 이해하면 된다.

이것으로 만물의 생성, 소멸을 설명할 수 있다. '만물'에는 자연현상뿐만 아니라 인간생활 속에서도 그 현상을 발견할 수 있다.

옛날 상업계 학교에서 배우는 '부기'라는 과목이 있는데 지금은 전산회계 니 세무회계로 명칭이 변경되었다. 그땐 부기1급만 합격하면 '세무서'로 특 채된다는 소리가 있을 정도로 가치(?)있는 자격증이었다. 앞서 언급한 '부기' 는 '장부기입'의 약칭이라 할 수 있다.

더 정확한 표현, 복식부기이다. 이 '복식부기'는 서양의 베니스상인보다 우리의 개성상인이 먼저 사용하였다는 학설이 있다.

이 복식부기에도 질량보존의 법칙이 적용된다. 그 원리가 바로 '대차평균 의 원리'이다. 어떤 거래가 발생하면 차변과 대변으로 분개하여 기장하면 항 상 차변값과 대변값이 일치가 되어야 한다. 이 원리를 '안전활동'에 대입하 면 우리 '안전'하는 사람은 '안전총량'이 될 수 있도록 전력투구해야 한다.

〈생각해보기〉 안전은 균형의 미학이 필요하다.

69. 피로파괴, 피로강도, 피로안전

동역학, 정역학이라는 용어가 있다.

이런 용어들이 등장하는 학문의 한 분야가 재료역학, 구조역학 등등이 있으며 공학하는 사람들의 애증(?)과목이다. 일종의 '진입장벽'이라 할 수 있다. 모든 산업 등에는 이 '진입장벽'이 있다. 소위 기득권 세력이 자기 밥그릇 지키는 도구로 활용되기도 한다.

이것들을 보고 있으면 짜증이 나고 스트레스 받는다. 가끔씩 어처구니없는 사회・정치적 이슈가 발생하면 집단 짜증도가 높아간다.

역학에서도 등분포하중, 집중하중, 충격하중, 반복하중 등이 있다. 인체(사람마음)이나 물성 등이 있는 재료 모두 극단점 즉 파괴, 질병 등등의 발생 매카니즘은 비슷하다. 이것들의 공통적 단어로 '피로'가 등장한다. 한자「疲勞」이며 이것의 사전적 정의는 1. 과로로 정신이나 몸이 지쳐 힘듦, 그런 상태, 2. 재료가 일정한 또는 특정한 힘을 받아 균열 등이 발생하여 결국 파괴되는 현상이라 할 수 있다.

제품 설정상 내식성이 필요하면 내식성이 우수한 재료를 선정한다. 인장강도, 압축강도 등 재료적 특성이 많다. 이 '강도'라는 의미는 쉽게 말하여 외부적 요인에 대항하는 힘(대응력) 정도로 이해하면 된다. 이런 것들의 함수관계를 표현하면 '크리프곡선'이다. 여기에는 탄성 변형, 소성변형(영구변형)의 변수가 존재한다. TV프로 '극한직업'에서 세차달인으로 소개된 60대

남성이 완력(腕力: 손아귀등의 힘)으로 혈기 왕성한 20대 유도상비군 선수를 이긴 것을 보고 과연 인체의 능력이 단련 정도에 따라 높아짐을 확인했다.

이상과 같은 맥락에서 '피로안전'에 대해 알아보자. 피로와 안전에 무슨 상관관계가 존재할까 먼저 피로의 발생요인에 대해 살펴보자. 일하는 정도, 시간, 그리고 일할 때의 짜증도(기분) 등에 좌우된다고 본다.

작업자가 피로에 심하게 노출되면 몰입력, 집중력의 저하가 초래된다. 이것이 행동·행위를 통해 특정 위험에 노출된다.

축구에서의 경기 시작 후 5분과 종료전 5분이 중요하고 권투에서의 라운드 종료전 럭키펀치, 농구의 buzzer beater(버저비터)도 이 '몰입력·집중력'의 파급력이 중요함을 보여준다.

'안전'하는 사람에게도 작업자들의 피로도, 짜증도 관리가 안전작업공간 구현에 중요한 포인트임을 인식해야 한다. 그리고 해결방안도 찾아야 한다.

〈생각해보기〉 안전에서 시간, 타이밍이 가지는 의미는?

70. S-P곡선의 포지션별 사례

case 1. 군함도에서 일한 조선인

먼저 눈물이 나고 또 한 번 이 '군함도'를 근대산업화 유산으로 유네스코에 등재 신청한 '일본'이라는 집단의 반인류애, 반인간애적 행태에 통한을 넘어 분노의 눈물이 솟는다. 여기에 '안전'하는 사람으로 이것을 정량화, 계량화 하는 방법을 추구하다. S-P곡선이라는 도구를 창안하였다.

이것으로 반인류애적, 반인간애적 집단의 악행을 부각하는 좋은 이슈라 생각한다. 우리가 학창시절 공부한 함수에서 'x절편', 'y절편'이 있다. S-P곡선에서 case 1 경우 포지션은 어디라 할 수 있는가?

case 2. 경부고속도로 77위 위령비

여기에서는 어느 한 인간의 고뇌에 찬 모습에 먼저 눈물이 흐른다. 여기에 반대, 비난한 사람에게는 정중한 사과의 메세지를 전하고 싶다.

역사의 수레바퀴에 넘기고자 한다.

혹시 즐거운 여행에 방해되지 않으면 고속도로 휴게소에 마련된 위령비에 묵념이나 더 여유가 있으면 술 한잔 바치는 행동이 있었으면 좋겠다는 바램을 피력한다. 솔직하게 S-P곡선 상 어느 포지션에 있어야 할지 모르겠다. 이 졸필을 읽고 있는 여러분에게 선택의 공을 넘기고 싶다.

case 3. 포항제철 프로젝트

영일만의 기적, 우향우 정신, 선조들의 피값 그리고 종이마패 등등 대충 이런 키워드가 생각난다. 이 철의 사나이가 은퇴 후 병원 진찰 중에 나타난 일 즉 "몸 속에 왜 이렇게 쇠가루가 많아요" 어느 미국 병원의 미국인 의사의 말이다. 눈물을 흘리며 포항제철 프로젝트 완료를 운명을 달리 하신 사람에게 보고하는 철의 사나이 모습에 울컥 눈시울이 붉어진다.

완공된 포항제철 부속설비를 건설공정에서 발견된 '불량' 때문에 폭파한 일화도 있다. 서두에 언급한 키워드와 관계된다.

'안전'하는 입장에서 case 3의 경우 $\{s=p|(s, p)\}$에 가장 근접 수렴한다고 본다. 솔직히 심증적으로 수렴이 아니고 S-P곡선 그 자체라 생각한다.

〈생각해보기〉 case 4는 여러분만의 포지션별 사례 적어보기

71. 過猶不及 / 易地思之

옛글에 자기가 하기 싫은 일을 남에게 강요하지 않는 사람을 군자(君子)라 칭할 수 있다라고 하였다.

우리가 부모되어 자주하는 말 '아! 공부좀해라' '책 좀 읽어라' 이 말을 하면서 마음 한 구석이 찔리는 느낌이 든다. 어떤 사람이 '이 세상에서 공부가 가장 쉬웠어요'라는 책으로 돈벌었다는 뉴스가 생각난다.

그러나 나는 의구심이 든다. 진정으로 '쉽다'고 생각했을까. '립싱크(lip sync)'라 생각한다. 아무튼 '공부하라' 말하는 부모도 그의 부모로부터 똑같은 말을 들었을 것으로 추정된다.

자식은 속으로 "자기는 공부하지 않으면서 왜 나한테만 공부하라고 해" 이렇게 생각한다. 즉 역지사지(易地思之)라는 말을 설명하였다. 일례로 '안전'하는 사람이 작업자 등에게 '야 안전모 써라' 윽박지르며 말한다. 윽박지르며 말하는 사람도 불쾌지수가 높은 여름날에는 솔직하게 안전모를 벗고 싶은 충동도 있을 것이다. 안전대, 보안경, 각반 등등 그 착용자체가 거추장스럽다.

관리자, 작업자간 역지사지 하는 마음이 서로 통할 때, 최적안전작업공간이 될 것이라 생각한다.

가끔씩 '책상머리안전'도 있다. 즉 안전 P.M이라고 칭할 수 있다. 합리적 유추(추론)으로 생각하자.

어떤 위험요소가 있는 작업공간에서는 작업의 형태, 작업공간의 형상, 난이도 등등의 작업 컨디션이 존재한다. 안전작업변수가 작업컨디션에 맞게 클리어되면 작업진행이 되어야 하는데 위험요소, 작업컨디션 등에 비해 과도한(?) 조치를 요구할 때 한 가지 사례로 '밀폐공간'으로 지정된 장소에서 작업할 때 이 작업내용은 단순 실측 정도 등의 경작업이며 밀폐공간의 산소농도, 유해가스 농도 등 최적안전작업공간이 구현된 상태에서 단지 '밀폐공간'이라는 프레임 때문에 거의 소방관이 화재 현장에 진입할 정도의 과도한 보호구 착용을 강요하면 어떤 결과가 야기될 것으로 예측됩니까? 이런 무겁고 복잡한 보호구 때문에 본안위험(질식 등) 보다 2차 위험(부가위험) 즉 전도, 충돌 등이 발생할 확률이 높아짐을 看過한 안전조치가 될 수 있다.

바로 過猶不及한 일이라 할 수 있다.

〈관련 검색어〉밀폐공간이란?

72. 斯文亂賊

　조선 중후기 성리학의 경직성에는 이「斯文亂賊(사문난적)」이라는 무시무시한 놈이 숨어 있다. 기존의 불교 병폐 타파, 인간에 대한 심도 있는 성찰, 그리고 정치이데올로기 공급처 역할을 하였다.

　생각해보자 창업자가 어떤 체계(또는 system)를 만들때 이 체계 등에 유리한 소프트웨어로 주자학(성리학)이 낙점된 것으로 보면 된다.

　이 사문난적에는 기계론적 오류가 짙게 깔려 있다. 즉 원래(원초)적으로 잘못된 것을 마치 이것이 가장 올바른 것이라 오인하는 것을 말한다.

　그 당시 불교에 대한 반동으로 성리학(주자학)이 태동한 것처럼 용도폐기에 가까워진 성리학에 대한 대안으로 양명학(陽明學)이나 서학(西學) 등 새로운 소프트웨어(?)가 시판되는데 그 동안 너무 익숙한 것에 매몰되어 이 새로운 소프트웨어(?) 사용을 거부한 것과 같다. 마치 지금 일본이 '디지털'이 대세인데 아직도 '아날로그'적 체계를 일부 유지한 것과 같다. 일명 갈라파고스(Galapagos) 현상이라 칭할 수도 있다. 그 당시 동양 3국에서 일본은 개화시장으로 변환하고, 중국도 변화가 있었는데 그 때 오직 조선만 위의 갈라파고스 현상에서 헤매고 있었다. 여기에서 귀가 얇은 것(쇄국)과 귀가 넓은 것(개화, 개항)의 차이가 무엇이라 생각하나?

　이런 말이 있다. '아 그 사람 자기주관이 뚜렷한 사람이야'에서 '자기 주관의 유무'가 그 차이점이라 할 수 있을 것이다. 여기에 '융통성 · 융합성'이라는 것도 가미된다. 거듭 말하자면 '안전'은 종합적인 학문(?)이라 생각한다. 이 '종합적'이라는 말 속에는 open mind가 겸비된 것이라 할 수 있다.

〈생각해보기〉 안전에서 'open'과 'close' 의미 그리고 本書에서 언급한 조선의 '쇄국'과 일본의 '개화, 개항'

73. 3초 멈춤운동

옛날 孟子라는 사상가의 '罔民也'라는 말이 있다. 직역하면 '백성을 그물질하다'의 뜻이다. 사족을 달아 의역하면 백성들이 죄짓기를 기다린 후 그들을 바로 처벌한다는 것이다.

이것은 法家에서 말하는 '法治'라 할 수 있으나 〈주기: 상대적 입장 감안하여 말함. 즉 유가에서 법가를 폄하하는 의미〉

儒家에서 '仁治'와는 거리가 있다. 또 맹자는 王道政治를 주장하였다.

이 '罔民也'는 이 왕도정치를 이루기 위한 정치에서 지양해야 하는 것으로 볼 수 있다. 현 시대에서도 있다. 교통경찰의 '함정단속' 나도 당한 적이 있다. 한 일화를 소개하면 "건설회사 근무시 급한 업무로 고속도로 주행하다 함정단속에 걸렸을 때 옆에 동승한 직원이 운전면허증 밑바닥에 배추잎 몇장 덮어주니 무사통과 되었다." 혹자는 비판한다. 이 '함정단속'이 큰 교통사고를 유발할 수 있는 단초를 제공한다고 주장한다. 一面 생각하면 一理가 있다.

이 함정단속을 피하기 위한 '급브레이크'가 추돌사고의 원인이 될 수 있다는 합리적 추론이 가능하기 때문이다. 안전에서도 지적건수, 지적사진 등이 안전활동 실적으로 치부되는 것도 일종의 '罔民'이 될 수 있다.

이런 것을 예방할 수 있는 방법이 '3초 멈춤운동'이다. 작업자나 관리자 모두 해당된다. 비유하면 역도 경기장에서 역도 선수가 하는 '심호흡'이다.

이것은 우리가 '화남'을 제어·통제하는 방법으로 애용된다. 작업자는 위험작업 등을 하기 전 3초 멈춤운동이 필요하고 관리자는 지적하기 전 '덧신의 오류'가 없나 한번 더 살피는 효과가 기대된다.

　더 중요한 것은 관리자의 3초 멈춤운동으로 안전상승효과의 안전지적으로 "잠재미래 위험과 현시적 위험"이 모두 잠재미래적 안전과 현시적 안전으로 변화할 수 있다는 확신으로 '안전'하는 사람이 적극 활용하기를 바랄 뿐이다. 이는 작업자의 짜증도 관리 측면도 존재한다.

　〈생각해보기〉 화가 난 상태에서의 행동은?

74. 술과 안전

'술'이란 이 말에 술 한잔이 생각난다. 만약에 이 술이 인간에게 없었다면 어떻게 되었을까. 조물주에게 감사해야 한다. 애주가들 사이에 개똥철학(?) "술을 마시지 않는 인간하고 인생을 논하지 마라. 왜야 조물주의 뜻을 거역했기 때문이다."

인생 마지막 모토로 죽는 그날까지 술 한잔 할 수 있는 복이 있기를 그리고 평생지기로 술 동무 한 명정도는 덤으로 있으면 더욱 좋겠습니다.

'술맛'이 가장 각인된 기억은 군시절 대민봉사 할 때 사제음식(?) 먹는 것도 행운인데 막걸리가 나왔다. 소위 '짬밥'에 찌든 배속에 사제음식과 막걸리로 입과 마음이 호강한 그 맛은 만한전석(滿漢全席)이 전혀 부럽지 않았다. 이것이 농주(農酒)이다. 한 때 직장 선배한테 회식은 업무의 연장이라는 말에 의해 지독하게 술과 벗삼아 조물주의 뜻에 충실한 시녀가 되었다.

하루 5끼를 먹었다. 오전 '참'으로 막걸리 한병에 잔치국수 한 그릇 그리고 오후에도 '참'으로 또 한 병 마시고 그 땐 술기운으로 일 한다는 말이 있을 정도로 술과 친숙한 동무였다. 아침 해장술의 묘한 맛에 빠진 적도 있다. 잘 익힌 열무김치에 막걸리 한 잔 정말 궁합이 환상적이다.

그러나 시대가 변하였다. '안전'이라는 지상목표를 위해 작업할 때는 절주 또는 금주하는 자세가 필요하다. 여기서 확실한 사실은 음주한 상태의 인체는 '거리감이 현저히 저하되고 또 반응속도가 느리다'는 사실이다.

끝으로 1. 독주(獨酒) 2. 화주 3. 폭주 즉 혼자 술마시기, 화날 때 술마시기, 술이 원수인 것처럼 술마시기 이 3가지만 금하면 오래오래 술과 친구가 될 수 있다.

〈생각해보기〉 옛날 홍콩 영화 "취권" 술마시고 무술한다. 그러나 술마시고 일하는 것은 안된다.

75.「文心雕龍」이 책은 동양문예학의 최고봉이다.

이 책 내용 중 "文"과 "質"이라는 키워드가 있으며 "文質幷重을 강조하고 있다. 문장이나 글이 '文, 質' 어느 한 쪽만 강조하면 '淺薄・刻薄'이라는 단어로 귀결된다는 내용이다.

우리가 쓰는 말 중 '천박하다, 각박하다'의 어원이다. 이 논리는 '문예분야'에만 국한되지 않는다. 우리의 일상생활에서도 유효하다.

요즘에도 가끔씩 TV에 등장하는 사람인데 옛날에는 정치인으로 지금은 '작가님'으로 호칭되는 사람이다. '국회'라는 국민대의 기관에서 문화부 장관 타이틀을 가지고 연설하는 데 '청바지, 운동화 등'으로 무장한 옷차림으로 등장하는 일이 있었다. 국민을 모욕하는 행위다. 또 다른 진영에서는 '정말 참신하다'의 주장이 나왔다. '모욕하는 행위'를 주장하는 쪽은 '천박하다'로 요약된다. 그래도 문화부 장관이고 또 국민을 향한 장소인데 너무 격식없다라고 생각한 것이다. 학창시절 허례허식 타파의 모토아래 冠婚喪祭(관혼상제)의 간소화 유행할 때 (정부의 시책에 의해) 반대하는 쪽의 要旨는 '각박하다'로 정리할 수 있다.

한 시절 유행어가 생각난다. '무늬만 부부다' '무늬만 고기다' 등등 즉 '무늬만 ○○다' 이런 패턴으로 '○○'에 대상물을 넣어 말했다. '형식・내실' 중에서 내실은 없고 형식만 있다는 의미가 내포되어 있다. 그렇다고 '형식'을 등한시 하는 것도 문제가 많다. 유네스코 인류 무형문화유산 "宗廟祭禮樂

(종묘제례악)"에서 보여주는 격식은 대단하다.

"격식 속에 정신이 깃든다"라는 말이 실감난다. "文質幷重"이 成語는 안전에서도 중요한 내용이라고 생각한다. 소위 무늬만 안전인 경우도 있다. 쉽게 말해 보여주기식 안전활동이라 할 수 있다.

안전작업공간 구현을 위해 무엇이 文質幷重에 부합하는 것인지 한번쯤 고민할 가치가 있다고 본다.

〈관련 검색어〉 종묘제례악

76. 助長

중국고사성어인 助長이라는 단어는 옛날 수능 논술에 단골 출제 문제였다. 그 뜻을 직역하면 "생장을 돕는다"이다. 고대 중국에 바보스런 농부가 게을은 생각으로 빨리 자라게 하기 위해 벼를 조금씩 뽑아 버리는 어리석은 짓을 하고 집으로 돌아와 이것을 주위사람에게 자랑하였다. 그 다음날 말라 죽어버린 벼를 보고 생긴 고사다 이렇게 한문, 중국어에는 그 역사성이 존재하므로 중국어 공부를 위해 역사에 대한 이해가 필요하다.

이 助長의 용례로 "면학 분위기를 조성하자"와 "면학 분위기를 조장하자"를 비교하는 형태이다. 위 농부의 행동에는 욕심, 무지, 귀차니즘(?) 등이 내포되어 있다. 혹시 지금도 불안전한 행동을 조장하는 '현대판 조장농부'가 존재하고 있나? 우리 '안전'하는 사람은 혹시 합리적 상식선을 넘어선 지적질 대마왕이 되었는데 오늘도 '안전'을 아주 잘 했다고 생각하는 기계론적 오류를 범하였는지 돌아볼 기회를 가졌으면 좋겠다.

위의 합리적 상식선을 넘어선 지적으로 작업자의 짜증도 상승유발 요인이 되었는지 옛말에 말 한마디로 천냥 빚을 갚는다고 말과 행동에 조심하는 것도 필요하다. 특히 반말(?) 섞인 지적은 진짜 금물이다.

〈쉬어가기〉 여러분은 본·예비고사 세대, 학력고사 세대, 수능 세대 등등 어느 세대입니까?

77. 두 마리 토끼 잡기

'토끼몰이'라는 사냥법이 있다. 산 정상에서 아래로 몰이꾼들이 몰아주면 토끼 구조상의 특이점을 이용하여 잡는다.

물자가 귀한 시절 토끼고기에 토끼털이 유용한 생활방편이 되었다. 요즘 오리털이 대세이지만 옛날에는 토끼털도 방한복의 소재로 사용하였다.

오리털에 비해 무겁다는 단점외 보온력에서는 비슷하다. 또 영리한 토끼는 여러 개의 굴을 판다는 격언도 있다.

아! 그러고 보니 올해가 검은 토끼해다. 즉, 癸卯年이다. '토끼'라는 영리한 동물은 우리의 민족과 친숙하다. 전래동화에서도 사악한 동물 즉 호랑이로부터 착한 선비를 구한 이야기가 있다. 영리한 동물인 토끼를 잡는다. 그것도 두 마리를 동시에 잡는다 어려운 일이다. 이전 세대에서는 안전과 작업효율성(작업성과)이라는 키워드를 서로 상극적인 대상으로 인식하였다.

"안전하다 언제 일하냐" 이런 식의 비아냥거림이 많았다. 바로 '안전'을 일하는데 방해되는 존재로 인식하였다.

다시 한번 엄밀하게 궁리하면 '안전과 작업'이 상호의존적이고 서로에게 존재가치(이유)를 제공한다. 극단적 예로 일이나 작업을 하지 않고 있다면 이는 가상적(직관적)으로 안전 100%라 상정할 수 있다. 여기에 즉 정적인 요소에 동적인 요소가 가미되는 순간 이 '안전'이 라는 것이 작동해야 한다. 안전과 작업의 동시 발생으로 보아야 성공적 수행이 가능하다는 결론이 도출된다. 이 성공적 수행을 위해 '작업공정별 작업(동작) 분석법'이 하나의 방법론이 될 수 있다.

 이 방법론의 기초요소로 단순화, 통일화, 일점화원칙 등이 있으며 영리한 토끼들이 양방향으로 도망갈 때 영리한 사냥꾼은 한쪽 방향으로 먹이를 던지는 것과 같이 '안전과 작업효율성' 이 두 마리 토끼 잡기를 위한 '안전'하는 사람의 지혜와 재치가 필요하다.

 이 주요소 중 어느 하나의 지나친 치중보다 융합적 운용이 요구된다. 즉 현장에 항상 답이 있다는 말처럼 최적 안전 작업공간의 구현을 위한 다양한 안전작업변수를 고려한 '運營의 妙'를 발휘해야 한다.

<생각해보기> 광고 카피 중 '산소같은 여자' 이제는 '안전'이 공기와 같다

78. 풀뿌리 산업(뿌리 산업)

기계가공분야에서 단조가공이 있다.

쉽게 연상하면 옛날의 대장간에서 하는 작업을 대형화, 기계화 등을 하였다고 보면 된다.

이런 단조제품들은 원자력 산업, 우주항공 산업 등 안전성 및 신뢰성이 고도로 요구되는 기계요소로 쓰인다. 이 단조가공품은 절삭가공품에 비해 인장강도 등 기계적 특성이 강함으로 고신뢰성이 요구되는 부품의 재료가공품으로 쓰인다.

왜 절삭가공품에 비해 강도 등이 높을까?

그것은 '섬유조직의 조밀성, 치밀성'의 차이 때문이다. 쉽게 비유하면 태권도의 정권 단련으로 '뼈의 치밀성'을 높이는 것과 같은 원리이다. 叩齒法(고치법)이라 하여 아래이빨과 윗이빨을 서로 부딪혀 이빨의 섬유조직을 단단하게 하는 원리도 이에 해당한다.

즉 '골다공증'도 뼈 속에 기공이 생겨 치밀성이 떨어져 생긴 것이다.

이 뿌리 산업을 지난 정권의 '소·부·장'이라는 이슈와도 맞물려 있다.

지금 기억한다 철도 공작창에 방문하여 목형에 주물사를 이용하여 모형 즉 거푸집을 만들어 그 곳에 쇳물 주입하여 주물구성품을 제작하는 작업을 견학하였다.

모든 공정에 인력이 필요하고 또 힘들고 위험한 일이었다. 그런데 이런 작업들은 다년간의 경험이 절대 요구되는 하이테크 직종이지만 '3D업종'이라는 프레임에 포함되어 기피한 일이 되었다. 이런 뿌리 산업, 기간 산업 등에서 이 '안전'이라는 것을 도외시하는 풍조는 사라졌으나 일명 안전지킴이, 안전감시단 등등 여러 명칭으로 총칭되는 직종에서 일하는 사람들의 처우, 제도화가 조금은 필요하다고 생각한다.

〈생각해보기〉 최근 조선업호황으로 조선인력확보가 화두로 등장하였다. 이것은 산업인력 고령화와 연관되었다. 이런 추세에 따른 '안전'의 포지션은?

79. 孔子의 怪力亂神

論語 述而篇에 "子不語怪力亂神"이 있다.

직역하면 "공자님은 괴이한 힘과 난잡한 귀신을 말하지 않았다"이며 즉 인간세계의 현실적 일이 아닌 초자연적인 일이나 생태(사건들)를 거부한 것이라 할 수 있다.

이런 것을 보아 여타 종교, 사상들과 가장 큰 특질은 지극히 인간적인 일들에 집중하고 여기에서 깨달음을 취하는 가장 합리적이고 현실적인 사유체계라 생각한다. 즉 生活之道를 추구한다.

참 메리트가 있는 사유체계다. 아직 인간도 잘 모르고 나를 있게 한 부모님을 등한시하고 인간외적 존재에 의탁하는 짓이 얼마나 부질없는 어리석은 일이 아닌가?

神學이 아닌 人學이 필요하다.

산업안전보건법 등에서 사고누발자 중 소질성, 상황성 등의 성향성에 따라 분류하였다. 그렇다면 위 사고누발자 성향성과 관련하여 비교하자면 怪力亂神에 대비되는 키워드 「常德治人」이 있다.

'怪'보다 「常」이라는 의미가 '안전'에 더 근접한 의미라 생각하지 않는가 '力' 즉 폭력적인 것보다 「德」이라는 개념이 또 '亂'이라는 어지러운 것보다 「治」의 가지런한 이미지가 그리고 '神'이라는 것에는 요행수(僥倖數)라는 키워드가 내포되어 있다. 여기에 대비되는 「人」여기에는 인간적인 일이라는 현실적 가치가 있다.

공자의 仁사상에는 위에서 언급한 「常德治人」이 존재하며 「감성안전」이라는 카테고리에 연결되어 있다.

우리 '안전'하는 사람에게 「論語」책의 一讀을 권하고 싶다.

〈생각해보기〉 어떻게 생각하면 '인간의 탄생'과 안전은 태생적(胎生的)으로 같다.

80. 단추 잘못 잠그기

어느 정비 달인이 "사람이면 누구나 셔츠입을 때 가끔씩 아래 단추를 남기고 잠근적이 있다."라고 말하며 기술교범, 정비교범을 비치하여 정비할 부분의 해당 교범 페이지를 펴고 정비할 것을 말하였다.

여기서 '사고의 발생 개연성'을 발견할 수 있다. 안전에서 항상 강조하는데 작업 시작전 점검, 안전규정지키기 등등 안전을 위한 조치·방법은 재해(사고)방지를 목적으로 하고 있으며, 재해(사고) 발생 확률을 낮추는 것이라 생각한다.

제가 경험한 적이 있는데 교통사고의 1차적인(직접적인) 사고도 치명적이라 할 수 있으나 충돌하는 순간 핸들을 꽉잡고 주행선 유지로 인해 2차, 3차 사고가 발생하지 않아 더 큰 부상(재해)을 입지 않았다.

즉 사고로 인한 피해를 최소화하는 것이 중요하다. 일례로 고소작업시 실수로 (사고의 발생 개연성 때문) 추락사고가 발생하였으나 재해(상해)로 연결되지 못한 것은 '안전대 착용' '추락방지망 등'이라는 안전조치 때문이다.

이것은 마치 1차 추돌시 차량 핸들을 놓지 않고 주행선을 유지한 결과로 2차, 3차 추돌을 방지하여 큰 부상을 입지 않은 사실과 일맥상통하다.

"3단계 불안전한 행동, 불안전한 상태"만 제거하면 도미노원리에 따라 사고·재해가 발생하지 않는다고 한다.

그렇다면 역발상으로 똑같은 원리를 적용하여 '4단계 사고'를 잘 통제·관리하여 5단계 재해(상해)가 최소화 되도록 하는 것도 하나의 방법론이라 생각한다.

안전기법 중 fail soft 가 이에 해당한다.

〈관련 검색어〉 안전기법

81. 안전과 용어

"낙상이 일어나지 않게 주의하세요" 과히 틀린 말이 아니라고 생각할 수도 있고 또 '안전'일하는 사람이 그렇게 말하기에는 무엇이라 칭하기는 곤란하다.

미련이 남는다 여기에서 꼭 언급하고자 아니 언급해야 하는 것이 '한자어'와 '은어'이다.

어떤 무리들이 그들만의 언어 즉 '은어'를 사용하는 것은 상호간 유대감의 한 표출이라 생각한다. '안전'하는 사람들의 은어 바로 공식적·제도화된 은어 바로 '안전용어'로 명명된다.

각 학문분야마다 전문용어가 있다. 생각난다. 처음 군 훈련소에 입소하여 긴장되어 있을 때 내무반 조교가 "여러분 이제 사제말(?) 하지 않습니다" 쉽게 말해 '~요'가 아니라 '~다'라고 말투 바꾸는 것을 말한다.

'한자어'에 대해 말하면 이 '漢字'는 외국어가 또는 '외래어'가 아니라 우리말이라는 인식이 필요하다. 한 때 유명 국어학자가 '大學'을 '큰배움터'라 '비행기'를 '큰날틀'이라고 법으로 제정하자는 말을 하였다. 우리는 표음문자의 최고인 '한글'과 표의문자의 정점에 있는 '漢字'를 가지고 있다.

수천년 쌓아온 '문자(문화)적 토양'을 버릴 필요는 없다고 생각한다. '언어' 즉 인간의 생각을 담는 그릇이라 한다. 이 그릇이 넓고 큰 것이 좋지 않는가?

'漢字'의 장점 바로 '함축성'이 있다.

각각의 장점을 더욱 더 발전시키는 것이 문화적 토양이 넓고 깊어진다고 생각한다. (국한문 융합체) 이에 더불어 산업안전보건법 등에서 개정된 내용 중 '추락/낙하 비래'의 용어가 '떨어짐/맞음'으로 변하였다. 이것을 공부할 때

이런 도식으로 이해한 적이 있다.

과연 개정된 용어 '떨어짐/맞음'에서는 위 도식과 같은 유추가 가능할까.

또 책이름 '추락하는 것에는 날개가 있다'라는 문구에서 '추락'과 기존 용어 '추락'의 의미는 같은 것이다.

〈생각해보기〉 안전 용어
　　　　　　국한문 혼용체
　　　　　　한글전용체
　　　　　　국한문 융합체

82. 읍참마속(泣斬馬謖)

"마속을 울면서 참하다" 이렇게 번역하면 된다.

그러나 한문의 맛을 진정으로 알기 위해 한자 '읍(泣)'과 역사적 사건을 모두 이해해야 참다운 뜻을 알 수 있으며 제대로 감상할 수 있다.

한자 泣, 그냥 울다의 뜻보다 우리말로 한다면 흐느끼며 울다에 어감상 슬프다는 의미도 포함된다. 중국 삼국시대 촉나라 재상인 제갈공명이 아주 총애하는 '마속'이라는 장수가 있었는데 마속은 쉽게 말해 책상머리 장수였다. 제갈공명이 이런 마속에게 실전경험을 쌓게 하기 위해 전장에 보내면서 "절대 산위에 병영을 설치하지 말고 산아래 설치할 것"을 신신당부하였다.

그러나 제갈공명의 당부를 무시하고 마속 스스로 판단하여 적 동태를 살피기에 좋다는 오판으로 산위에 병영을 설치하였다. 그러나 산 아래 조조군이 장기농성전을 하자. 식수문제가 발생하여 대패하였다.

주변 신하들의 만류에도 불구하고 군령을 세운다는 명분으로 마속의 목을 베었다는 고사가 이 成語에 내포되어 있다.

이 故事의 교훈은 따로 있지만 여기서는 마속의 행동에서 '경험의 중요성'을 새기고자 한다. 건설사 근무할 때 사무실에서 근무하는 인원(사원)에게 현장근무 발령이 나오면 스스로 '좌천성 인사'라 판단하고 사표를 쓰고 나간 사람을 보았다. 그리고 현장근무에 갔지만 현장업무 및 기타 사정으로 중도하차한 사람도 있다. 이는 현장근무 중 체득할 '경험'을 무시한 생각에서 나온 것이다.

이런 사례를 통해 '안전'이라는 일도 '실무와 이론'의 겸비가 중요하다.

〈생각해보기〉 안전 실무와 안전이론

83. 안전의 풀뿌리, 안전감시단(인)

　안전감시단(인)은 인체로 비유하면 팔, 다리로 안전작업 공간에서 '안전'을 위해 일하는 것으로 어느 통계에 의하면 도입 전과 후의 재해율 감소효과가 있다는 것으로 판명되었다.
　또 정부안전부처에서 주관하는 안전분야 은퇴자의 활용방안으로 안전의 사각지대로 취급되는 소규모 사업장에 대한 안전진단·지도 활동도 우리 사회의 안전수준 고양에 일조한다고 생각한다.
　실례로 국내 대규모 사업장에서 시설유지·보수 작업 등에 투입되는 인원(작업자 등) 중에는 반재벌성향자 및 반사회적 성향 등의 작업자 등이 존재하여 설비 등에 가한 유해 행위 및 작업 중 또는 이동 중 임의적으로 행하는 유해 행위 등을 감시·통제·관리하며 협의 안전(현시적 안전, 위험), 광의 안전(잠재미래안전, 위험)에 도움(예방)이 된다고 생각한다.
　위에서 언급한 설비 등에 대한 유해 행위는 고의적 (또는 임의적) 밸브 센서류 등 조작이 해당된다.
　이렇기에 안전 감시단 등에 종사하시는 사람들은 현재 수행하는 일에 긍지를 가질 필요가 있다.

84. 그림문자, 안전표지판

한자의 형성과정 중에는 가장 원초적이라 할 수 있는 '상형(象形)'이 있다. 더 쉽게 말하면 '그림문자'와 같은 맥락이다. 가령 산의 모습에서 '山'이 나오고 하천의 모습에서 '川'가 나왔다. 우리가 생활 주변에서 흔하게 볼 수 있는 '신호등' 속의 사람 모습만 보는 순간 부지불식간에 그 의미를 알 수 있다.

임팩트가 있는 전달력이다. 여기에 색상의 심리력도 함께 가미된다. '안전'하는 사람들의 언어(?)인 그림문자, 안전표지판에서 이런 요소들이 요긴하게 쓰였다.

산업안전보건법 등에서는 어떤 것이 있나

1. 금지표지 2. 경고표지 3. 지시표지 4. 안내표지 5. 관계자외 출입금지가 있다.

여기에서 '안전' 공부하는 사람에게 팁을 제공하면 '연상법'이 유용하다. 이것은 학창시절 암기과목을 공부할 때 자주 애용했다.

2. 경고표지 중 201. 인화성 물질 경고와 202. 산화성물지 경고의 구별은 산소 'O'의 형상에서 원형 'O'을 연상하면 혼동을 극복할 수 있다.

또 혼동하기 쉬운 것이 1. 금지표지 중 104. 사용금지를 '촉수금지'라 착각하는 사람도 있다.

85. 안전 보호구 등

우리 인체는 그 부위에 맞는 보호장치(보호장기)가 있다.

심장 및 내장을 보호하기 위한 갈비뼈, 입술, 손톱, 발톱, 피부, 눈썹 그리고 뇌 등을 보호하는 두개골, 피속의 응고기능 등등 조물주가 인체를 설계(?)할 때 외부 위험 요소에 대비한 안전조치(?)를 했다. 참 신비한 인체다.

이런 맥락에서 보면 인체는 하나의 소우주이며 인체는 종합화학공장이라 할 수 있다.

산업현장에서 작업할 때 조물주가 제작한 인체의 보호장기보다 높은 수준의 외부력이 작용할 때 이를 보충할 보호기능의 필요성이 제기되어 '안전보호구'라는 것이 이를 충족시켰다.

옛날 홍콩영화에서 이런 장면이 생각난다. 작업자가 대나무로 만든 안전모자를 쓰고 대나무 비계를 이용한 비계작업 현장에서 주인공이 악당과 와이어액션을 구현하는 화면이다. 안전보호구에도 과학기술의 발달로 재질, 형태 등이 발전하였다.

앞서 언급한 '대나무 안전모'에서 대나무 소재를 대체한 새로운 소재의 등장과 70년대 '안전화'하면 투박하고 불편함이 먼저 생각난다.

그러나 지금은 '운동화 같은 안전화'가 등장하였다. 디자인적, 기능적으로 그 차원을 달리한다. 안전보호구에는 본래의 목적외에 정신적인 효과도 있다고 본다. 기억할 지 모르겠지만 지난 대선에서 군인의 상징이라는 '군화'가 생뚱맞게 등장하여 이슈화된 적이 있다. 군인을 폄하한다는 것이 쟁점이였다. 요즘 건설, 산업 현장에 여성분의 진출이 활발하다. 그런데 안전모의 착용한 상태를 보면 자신의 헤어스타일 손상(?)을 걱정하여 마치 머리에 안전모를 살짝 걸쳐 놓은 듯한 착용상태를 목격한다. 또 일부 사무실 인원도 이와 유사한 착용상태를 보인다. 앞서 말한 대선현장에서 보여준 '군화'의 경우와 같이 안전모도 '안전'의 상징이다. 이에 반하는 행태는 지양되어야 할 것으로 생각한다. 끝으로 안전공부에 도움이 될 팁을 적으면 '안전 인증대상 보호구'와 '안전표지판'에 기재된 보호구에서 '안전인증'에서는 '보호복'이라 하고 '안전표지판'에서는 '안전복착용'이라 명기된 것을 기억하면 좋겠다.

〈생각해보기〉 안전보호구보다 더 자신을 보호해 주는 것은?

86. 3・4원칙(원리)

대한민국 남성들은 모두 알고 있다.

사단, 연대, 대대, 중대, 소대에서의 예하 제대들은 모두 3~4개로 편제가 이루어졌다.

왜! 꼭 3개, 4개인가

바로 조직관리 측면에서 명령, 통제, 관리 등의 효율성 때문이다.

학창시절 선생님이 '부엉이'의 숫자 개념으로 하나, 둘, 셋, 많다 많다…… 이라고 하였다.

요즘 인터넷상 핸드폰으로 본인 인증의 하나로 인증번호 발송하면 6자리로 보낸다. 처음 한 두번은 꼭 틀린다. 그 다음부터 종이에 메모하고 보내면 인증 성공이라고 화면에 표시된다.

모 정치인에 대해 이야기하면 정치부 기자들이 기사쓰기 가장 좋은 정치인으로 뽑은 인물이다. 이 정치인을 취재할 때 '헤드라인'을 자신을 취재하는 기자에게 꼭 헤드라인을 뽑아 준다고 한다. 그러니 '헤드라인' 정하는 수고를 덜어 주어 참 편하다는 말을 한다.

어떤 토픽에 대해 정확하고 간결하게 뽑는다는 것은 이 토픽을 접하는 사람에게 내용전달을 빠르고 정확하게 임팩트하게 한다.

이와 같이 3~4개로 그룹핑하면 '헤드라인'의 전달력을 기대할 수 있다. 상사가 부하직원에게 지시할 때 3~4개 이상 넘어가면 지시효과가 떨어진다.

그래서 안전에서도 이런 원리를 이용하면 ① Lo To ② 접촉 ③흡입 ④중력(균형)이라는 4가지 카테고리로 위험요소에 대한 안전대책을 세울 때 유효하고 효율적으로 그룹핑할 수 있다. 한 가지 용례로 산업안전보건법등 중에서 제시하는 수많은 작업시작전 점검사항들을 앞서 언급한 4대 착안점으로 접근하면 용이하게 점검할 수 있다. 이런 방식은 안전공부할 때도 응용 가능하다. 앞서 언급한 헤드라인 뽑아주는 정치인과 같이 우리 '안전'하는 사람들은 안전주안점 들을 그룹핑하여 전달, 보고하는 습관이 필요하다.

87. 恒在戰場

　제가 거주하는 지역이 접경지역이라 흔하게 군 장비의 행렬을 본다.
　또 이 '항재전장'이라는 문구가 쓰인 위병소를 가끔씩 보면서 지나간다. 군인의 정신무장 차원에서 그 의미를 살피면 '항상 전장에 있다.'라고 할 수 있다. 훈련 때 흘린 땀 한방울은 전쟁터에서의 피 한 방울과 같다는 군사격언을 기억한다. 옛날에는 '군·관·민'이 대세였으나 요세는 '민·관·군'이다. '민'과 '군'의 위치가 바뀌었다. 그러나 군의 사명은 예전과 같다.
　'국민의 생명·재산을 지킨다'라고 되어 있다. 여기에서 한 가지 일화를 소개하면 정기 휴가(연가) 마치고 복귀한 병사가 또 특별휴가를 간적이 있다. 이유는 휴가지에서 '교통사고'가 발생했는데 솔선수범 환자 수송, 교통정리 등의 활동을 본 관할 경찰관이 소속 부대장에게 연락하였기 때문이다.
　그렇다면 우리 '안전'하는 사람도 꼭 사업장에서만 안전지킴이 역할이 있는 것이 아니라 위와 같이 지역사회, 생활 등으로 확장시키는 안전이 되는데 동참하는 것도 좋다고 생각한다.

88. 검은색 양과 흰양

사회학자, 인문학자, 수학자 등이 함께 기차여행을 하고 있었는데 기차창 밖 들판에 있는 흰양 무리속에서 한 마리 검은색 양이 있는 모습이 보였다.

먼저 어떤 학자가 "이 들판에 검은색 양이 있으니 다른 색 양도 있을 것이다"라고 말하였고 또 다른 학자는 "흰양에 검은색 양이 있으니 검은색 양도 많을 것이다."라고 말하자 마지막으로 수학자는 "이 들판에 적어도 한 마리의 검은색 양이 있다"라고 말하였다.

누구의 말이 맞고 틀린 말이라 단정할 수 있을까 그러나 하나의 사실 즉 "들판에 있는 흰양 무리속에 검은색 양 1마리가 있는 모습"이다. 그리고 공자에게 "仁" 사상이 그 요체로 여겨진다. 이 '仁'에 대해 제자들이 질문하였다. 제자의 성향에 따라 다르게 말하였다.

'용맹'으로 '仁'를 설명하기도 또는 '배우는 것'으로 "仁"를 구현할 수 있다고 설파하고 있다.

공자가 제자마다 다르게 설명한 "仁"이 틀렸다고 할 수 있나?

우리가 '안전'이라는 것도 이런 맥락으로 접근할 수 있다.

우리 '안전'하는 사람은 획일성보다 다양성으로 그리고 지엽적인 것보다 종합적으로 또 그 요체를 적확하게 파악하고 '안전' 일을 해야 한다.

즉, 다양성 속에서 핵심을 잡고 종합적인 것을 간결하게 파악하는 직관력이 필요하다.

나무의 글

각 론

1 들어가는 말

이번에는 지식(기능) 교육에 관한 것으로 안전은 저 멀리에 있는 것이 아니라 바로 우리의 눈 앞에 있다는 것을 전제하고자 한다.

기본적으로 움직임 속에 위험과 안전이 내포되어 있다. 귀차니즘은 경계해야 한다. '안전'하는 사람은 한 발자국 더 움직이고 손길을 한번 더 하고 눈길을 한번더 준다는 것이 꼭 필요하다.

모든 영업맨의 오래된 격언이 있다. 하루 가망고객 100명에게 어프러치 했다면 안된다. 101명째 만난 고객이 바로 계약자가 될 수 있다는 말이 있다. 즉 '하나 더 '또 이 '하나 더'가 바로 계약고객이 된다는 mind가 필요하다. '안전'하는 사람에게도 '한번 더'라는 마음가짐이 필요하다.

그리고 '안전'에는 절대 지름길이 없다는 사실을 기억해야 한다.

2 Lo To

'Lock out/Tag out'의 약자이다.

아주쉽게 말하면 '잠그고 꼬리표 붙인다'이다.

정말 상식적인 수준이다. "움직이는 것을 정지시키고, 그것을 표시한다"는 것이다.

실례로 가동 중인 교반기에 작은 이물질이 있어 이를 제거할 때 전원 off 하고 해야 하는 것이 안전하다.

그러나 귀차니즘이 발동하여 교반기 속에 손이 진입하는 순간 바로 재해(사고)가 발생한다.

'전원 off' 꼬리표 부착이 중요하다.

③ 접촉, 흡입, 중력(균형)

위 3가지 키워드로 재해유형을 대별할 수 있다.

무슨무슨 무술 등 많이 있으나 권투 만큼 간결하고 쓰임성이 높은 것은 없다고 생각한다.

바로, '스트레이트, 어퍼컷, 훅' 이 세 가지 공격수단으로 공격과 수비를 하니 정말 매력적이다.

그래서 종합격투기 선수에게 기본적으로 구비해야 하는 것이 '권투'이다.

산업안전보건법 등에 있는 재해 형태는 접촉, 흡입, 중력(균형) 이 세 가지 카테고리로 정의 할 수 있다.

안전작업공간에서 위 세 가지 관점에서 주시하면 효율적인 안전작업변수 관리가 될 것이라 확신한다.

④ 기계, 전기, 화공, 건설

산업별 분류하면 기계안전, 전기안전, 건설안전, 화공안전이다.

④-1 기계안전

④-1-1 기계안전 위험 포인트

간단하게 '움직인다'의 개념으로 접근하여 회전 운동, 직선 운동이 있다. 이것을 형태적으로 기술하면

① 협착점

왕복(직선)운동과 고정점으로 형성된다.

'프레스 등'이 대표적이다.

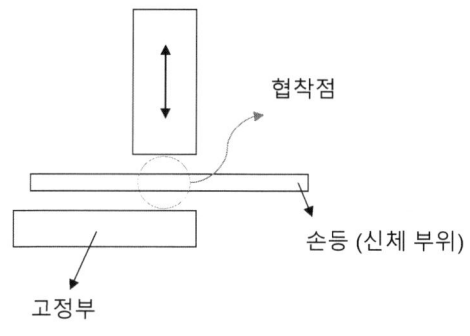

그림 1. 협착점

여기에서 한 가지 말하고 싶은 것은 산업안전보건법 등의 재해발생 분류에서 '끼임'이 있는데 여기에는 '협착'의 의미도 포함되어 있다.

② 끼임점

협착점과 차이점을 '회전'이 존재한다는 것이다.
대표적인 것으로 교반기 날개와 하우징이다.

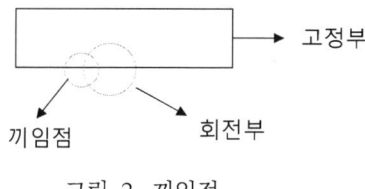

그림 2. 끼임점

③ 절단점

회전부 자체, 직선(왕복) 운동부 그 자체로 칼날 등을 가진 기계를 통칭할 수 있는데 여기에서 발생하는 위험점이다.

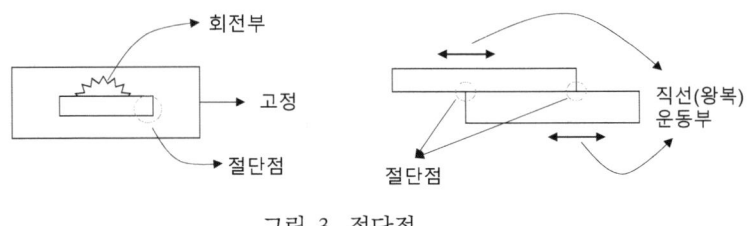

그림 3. 절단점

④ 물림점

쉽게 생각하여 회전하는 두 개 이상의 기계요소에서 발생하며 대표적 예로 기어와 기어 그리고 롤러와 롤러 사이가 있다.

⑤ 접선 물림점

일반 생활에서 찾으면 자전거 페달과 체인이 있다. 회전운동부와 접선 방향의 직선(왕복) 운동부가 만나는 곳이다.

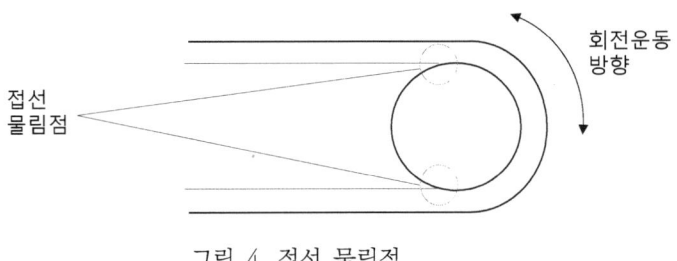

그림 4. 접선 물림점

⑥ 회전 말림점

가끔씩 뉴스 보도 내용 중 "머리카락, 소매자락 등이 말려…." 이런 것이 바로 회전 말림점이다.

기계요소인 "회전축등"이 해당된다.

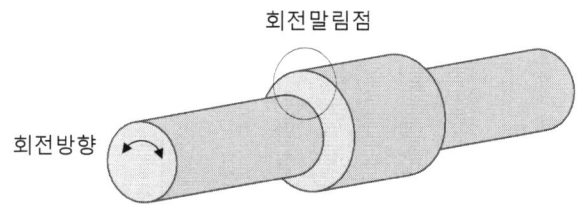

그림 5. 회전 말림점

④-1-2 위험포인트에 대한 안전화 방법

전문적, 학문적으로 논할 수 있으나 여기에서는 간단명료하게 전술한 Lo To, 접촉, 중력(균형)의 관점에서 기술하고자 한다.

① Lo To

본원적으로 접근하는 방식으로 fool proof, fail safe 개념 등이 있다. fool proof 즉 바보도 안전하게끔 하는 것이다. 또 fail safe 기능 즉 기상, 각종 변수 등 돌발적 사고에서 안전을 유지시키는 것이다.

② 접촉

위험점 자체를 접촉하지 못하게 하는 것으로 직접적인 대처법으로 덮개, 울, 슬리브, 건널다리 등을 이용하여 위험점 자체를 원천봉쇄하는 것이다.

③ 중력(균형)

간접적, 지원적인 방법으로 위험점의 한계를 관리하는 것으로 '리미트 스위치(limit switch)'라 통칭되는 과부하방지장치, 압력제한 장치등이 있다. 여기에서 'limit' 우리가 학창시절 배운 함수의 극한 즉 $\lim_{x \to n} f(x)$에서의 'lim'가 바로 'limit'이다.

그 밖에 설비의 lay out 접근 및 기능 (구조)적 안전화 방법이 있다.

'균형'이라는 개념이 안전에서도 중요하다.

어떻게 생각하면 이 '균형'이 깨지는 순간 사고(재해) 발생한다고 볼 수 있다.

④-1-3 기계장치·장비의 안전화(점검)

옛날 현장에서 자투리 와이어를 서로 새끼꼬기를 하여 사용한 적이 있다. 산업안전보건법 등에서 와이어로프 점검사항(사용금지)으로 1. 한 꼬임에서 끊어진 소선의 수가 10% 이상 2. 지름의 감소가 공칭지름의 7% 초과 등이 있다. 그러나 '관능검사'의 측면에서 현장 근무 경험이 많은 작업자가 손가락을 둥글게 오므려 쭉 와이어로프를 더듬어 지나가면서 일명 "가시(소선 결선된 것)"의 유무로 판단하였다.

인체의 오감을 이용하는 관능검사 중에는 철도 레일을 망치 하나로 점검한다. 그리고 이상 유무를 정확하게 파악한다.

소년병이 아닌 중학교 졸업하고 평생 주물공장에서 일한 일본의 한 작업자는 용해로의 불꽃만 보아도 정확하게 온도를 측정하는 것을 TV를 통해 본 적이 있다. 우리 '안전'하는 사람은 '작업시작전 점검' 절차가 중요하다는 것을 꼭 인식해야 한다.

이 '작업시작전 점검'도 산업안전보건법 등에 명시되어 있다. 여기에는 3가지 점검포인트가 있다.

① 점검대상의 사용목적, 내용, 작동 방식 등에 따라
② 위에서 아래로 또는 좌에서 우로
③ 점검대상의 작동순서에 따라

이상 3가지 원칙에 따라 하면 더 정확하게 더 빨리 점검할 수 있다.

예로 '공기압축기' 점검 내용은

1. 공기저장 압력용기 의 외관 상태
2. 드레인 밸브의 조작 및 배수
3. 압력방출 장치의 기능

4. 언로드밸브의 기능
5. 윤활유의 상태
6. 회전부의 덮개 또는 울
7. 그밖의 연결부위의 이상유무가 있다.

이를 '압력·회전'이라는 두 가지 범주로 접근하면 즉 위 ①항 관점이라 할 수 있다.

④-2 건설안전

④-2-1 건설안전의 총괄적 이해

먼저 "건설"이라는 것을 알아보자. '종합산업'이라 할 수 있다. 또 '21세기 원시산업'이라고 한다.

여기에는 '인력작업의 비중이 높다'라는 의미가 내포되었고 이런 연유로 원초적으로 재해율이 높다는 개연성이 존재한다.

또 다른 면으로 이해하면 경제적 국가기간산업이라는 타이틀이 항상 따라 다닌다.

만약 우리 '건설산업'이 외국기업에 점유당하였다면 우리의 근대화, 선진화, 경제구조화는 요원한 소리에 불과할 것이다. 보아라 중동, 동남아 등의 나라들이 자국의 건설산업이 외국에 점유당해 우리와 같은 경제성장이 불가능 했다고 할 수 있다. 이런 맥락으로 국내의 한 대기업 H사를 언급하면 그 시작은 바로 '건설'이다.

건설하다 시멘트가 필요하여 시멘트 공장 만들고 또 여기에 중장비가 필요하여 중장비 공장 만들고 등등 즉 '건설'과 연계하여 기업규모를 확대해 갔다. 여기에는 또 '사람(인력)'도 포함된다.

모태산업(건설)에서 사람도 성장시켜 각 그룹사에 투입하여 그룹사 성장에도 일조하였다. 건설산업은 '無'에서 '有'를 창조한다고 한다.

생각해 보자 맨땅에 하나의 창조물을 만드는 일이라 여기에는 일반 회사의 총무, 경리, 생산 등등 업무가 녹아있다. 그러니 이런 매커니즘을 통한 사람은 일반회사 어느 업무도 수행할 능력이 있게 된다.

또 '假設'이라는 것이 내포된다. 건설공사에는 이 '가설'의 개념이 전부 존재한다.

즉 한자풀이하면 '가(假)', '설(設)'이다.

'임시로 설치하다' 이말은 '안전'측면에서 파악하면 한 마디로 '불안전한 상태'라고 할 수 있다. 이런 연유로 다른 산업에 비해 재해율이 높다.

④-2-2 건설안전 위험 포인트 파악(개설)

건설안전 위험포인트(H·P)는 하나의 키워드 중력(균형)으로 귀결된다.

대부분의 건설재해 발생형태는 이 "중력(균형)"의 관점으로 파악·요약할 수 있다.

기계에서는 '재료역학'이라는 연구 분야가 있다. 건설에서는 '구조역학'이 있다. 건설(토목)하는 사람들이 어려워 하는 연구분야다. 이는 수학적 베이스가 튼튼해야 하는 전제조건이 있다. 역학 '力學' 한자로 풀이하면 '힘의 배움'이 된다. 바로 '균형'이 핵심 키워드이다.

① 좌굴(挫屈)

한 마디로 어떤 한계를 넘어선 하중(압력) 등으로 인한 휘어짐. 즉 '불균형의 산물'이다. 건축물(구조물)의 기둥이나 슬라브 등에 이 현상이 발생하면 바로 재해로 연결된다.

위에 기술한 '어떤 한계를 넘어선' 즉 임계점이라 명명할 수 있다.

이 임계점을 예방하기 위해 분산, 즉 힘의 분산으로 균형유지가 안전작업의 첩경이다.

건축현장이나 토목현장에서 콘크리트타설작업을 한다. 이 작업은 붕어빵

틀에 밀가루 반죽을 넣어 맛있는 붕어빵을 만드는 것과 같다.

이 콘크리트타설작업에서 가장 위험 요소가 높은 곳에서 슬라브 타설할 때다. 동바리 부실 등 즉 불균형으로 슬라브 거푸집이 붕괴되면 바로 중대 재해로 직행한다.

② 토압

산악 국가인 우리나라에서 도로율과 도로시공 수준 등 생각하면 단연 세계탑이라 할 수 있다.

여기에는 건설 종사분의 노고가 중요하지만 단양 지역에서 생산되는 시멘트 품질이 상위등급이다. 어떻게 생각하면 하늘의 축복이라 할 수 있다. 우리 같은 자원 빈국에서 이런 고품질 시멘트는 단연 '축복'이라 칭송해도 지나침이 없다.

저는 자동차 여행 할 때 '터널'을 지날 때 항상 이 터널을 만든 사람에게 감사의 마음을 가지고 지나간다.

생각해 보세요 대부분 터널의 모양이 원형이다. 왜 이런 원형으로 시공할까 바로 '토압' 때문이다.

일반적 상식으로 생각하여 그림으로 표현하면

〈그림1〉

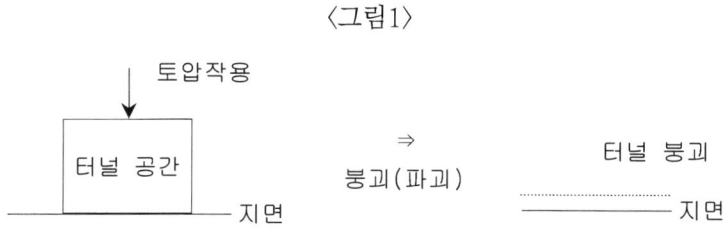

터널 모양이 원형인 이유 그림으로 표현하면

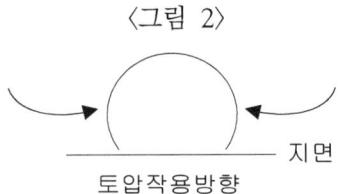

〈그림 2〉

원의 일부인 호(弧)가 직선보다 토압에 대한 대응력이 더 강함

그림 2와 같이 양측면의 토압작용방향의 힘을 버티기 위해 '곡선'으로 시공한다. 또 다른 적용된 예는 일명 '시트파일'을 이용하여 토류벽(흙막이) 시공시 이 '토압'의 관리가 바로 '안전'의 길로 가는 필수적 조건이다.

이 토류벽 시공작업은 건축, 토목 현장에서 필수적인 공정이며 핵심적인 작업이다. 여기에서는 대표적인 두 가지 원리(법칙)만 소개하겠다.

히빙(Heaving) 현상, 보일링(Boiling) 현상이며 이 두 현상의 핵심적 구별점은 '중량차'와 '수위차' 즉 중량과 수위의 '불균형'으로 발생한다.

결론적으로 '균형의 불조화'라 할 수 있다.

④-2-3 건설기계 등의 안전화 방법(점검)

④-1-3에서 기술한 3가지 원칙에 따라 점검한다.

적용 예로 '크레인'이며

1. 주행로의 상측 및 트롤리가 횡행하는 레일의 상태
2. 와이어로프가 통하고 있는 곳의 상태
3. 권과 방지 장치, 브레이크, 클러치 및 운전장치의 기능

이 세 가지는 산업안전보건법 등에서 '크레인'이라고 명시하지만 '천정크레인'이라 상정하고 작업시작전 점검하면 된다.

④-3 화공 · 전기안전

이번 항에서는 화공과 전기를 모아 그 내용을 살펴보고자 한다.

이미 10. 공학이야기 11. 안전작업함수에서 언급한 바 범주를 기계안전, 건설안전, 화공전기안전으로 대별한다. 전투병과 3개 중에서 단연 '보병'이 전쟁종결자가 된다.

'나를 따르라'라는 병과훈에서도 그것을 파악할 수 있다. 그렇다고 보병 단독 작전은 불가능하고 여타 병과, 군종과 유기적인 협동작전이 전쟁 승리의 키워드가 된다.

위의 유기적인 협동작전과 같이 우리 '안전'하는 사람은 기계, 건설, 화공, 전기 등 분야를 통섭하여야 효율적인 '안전'업무를 수행할 수 있다.

'수치'라는 키워드로 건설, 기계/ 화공, 전기와 같이 2가지 분류로 파악하면 된다.

또 '사회(중대)재해'란 키워드로 보면

기계, 전기/ 건설, 화공과 같이 분류할 수 있다.

사회(중대)재해 발생빈도, 강도에 따른 분류로 이해하면 된다.

이렇게 '키워드'라는 것은 무슨 학문, 무슨 업무든 분류하여 접근하면 그 뜻과 의미를 보다 명확하게 습득하는 첩경이 된다.

한 가지 비유하면 '사람의 눈은 2개입니다.' 이렇게 '키워드'를 잡으면 그 요지를 파악할 수 있는데 갑돌이도 눈이 2개, 또 갑순이도 눈도 2개네... 이렇게 인식하는 것보다 키워드(사람 눈은 2개다)로 접근하면 간결, 신속하게 파악할 수 있다.

키워드 '수치'를 파악하기전 '공차'와 '오차'의 개념부터 보면 공차와 오차 모두 '차이' 즉 치수 차이가 있지만 '공차'의 차이는 인정하는 차이며 '오차'의 차이는 용인할 수 없는 것이다. 가공적 측면에서는 오차가 있는 제품은 불량품이 된다.

안전 측면에서 전기·화공의 수치는 '치사량'이다
바로 죽음으로 이르게 하는 수치다.
가령 기계나 건설에서 비계난간대(중간난간대등) 간격은 '60~90 cm'라고 산업안전보건법 등에서 안전규정으로 설정하였다.
중간 난간대 간격(규정)이 '60cm'라 하더라도 61cm, 59cm 이렇게 수치의 명목상 차이를 인정할 수 있다. 62cm로 중간난간대 간격으로 시공하였다고 60cm 간격과 안전상 심대한 유해인자로 인식하지 않는다(관점차이 있음). 그러나 전기·화공의 수치 즉 '치사량'에서는 극히 미세한 차이로 생과 사를 결정하게 된다. 이 치사량에는 길이뿐만 아니라 '시간등'도 포함된다.
이와 같은 연유로 화공·전기 작업 중 안전작업변수관리 차원에서 '수치(치사량)'가 중요한 요소가 된다.
바로 화공·전기 작업에서는 '어림값'이 용납되지 않는다.

④-3-1 화공안전의 위험관리

① Lo To

장치산업의 대표인 정유공장, 화학공장, 비료공장 등에서 유지·보수 작업 중에 이 Lo To가 제대로 실행되지 않으므로 마치 군대에서 '경계'의 실패로 보급창고가 파괴된 것과 같이 '재해'가 발생하여 인적·물적 피해와 회사 신뢰도 하락(사회중대재해로 연결됨)까지 덤으로 얻게 된다. 특히 화학사고는 사회재해를 유발하는 경우의 수가 많다.

② 흡입(누출)

학창시절 화학시간에 주기율표 암기가 힘들었다. 마치 초등학교 저학년 때의 구구단 암기의 악몽이 재현되는 것 같았다.
이 지구상에는 수많은 화학물질들이 존재한다. 어떻게 생각하면 미 발견된 화학물질 원소도 존재할 것이다. 몇년전에 발생한 '가습기 사건' 등등 사회재해 발생 빈도가 높은 것이 바로 '화공안전'이다.

　옛날에는 화학물질의 정화비용 때문에 특히 장마철 때 무단방출이 많았다. '댐의 바늘 구멍'이 우리에게 주는 교훈을 잘 새겨 "흡입(누출)"을 예방하는 점검활동 등이 중요하다.

　이런 관점으로 다시 한번 83 항 "안전의 풀뿌리, 안전감시단(인)"의 책무가 무겁게 느껴진다. 그리고 화공안전에서 현시적 안전(위험)보다 잠재미래적 안전(위험)의 포지션이 조금 더 높음을 확인한다.

　일례로 우리가 쉽게 취급하고 작업하고 있는 기계부품인 와셔(스프링와셔, 평와셔등)를 보자. 이 와셔에는 앞·뒤면이 존재한다.

　플랜지 작업시 볼트너트결속과 그 과정속에 와셔류가 사용된다. 이때 와셔류 앞뒤면 구분없이 작업하였다면 당시 현시적 안전(위험)에는 그 영향이 없으나 잠재미래적 안전(위험)에는 영향이 있다. 볼트머리와 와셔면 그리고 너트면 사이에 미세한 틈새가 생겨 여기로 물 등 이물질 유입으로 부식 등 불합리가 발생된다. 검수자가 이 수많은 볼트너트개소를 전수검사한다는 것은 거의 불가능에 근접한다.

　이런 일을 해결하는 하나의 단초를 소개한다면 "23. 감성안전"에 있다. 국내 모 대형 건설사에서 주장한 카피 즉 "혼을 담는 시공"이다. 수년이 지난 지금에도 저의 뇌리에 확연히 남아 있다. 옛날 우리네 '장인정신'과 그 맥이 연결된다. "바보야 문제는 사람이야" 이 말은 고도화, 자동화, 전산화가 되었도 결국 정답은 '사람'이라는 결론이 나온다.

④-3-2 전기안전에 관한 이야기

　전기안전은 기계나 건설 그리고 화공안전에 비해 논하면 어떻게 생각하면 가장 간단하고 다른 한편으로 생각하면 가장 힘들고 복잡하다.

　이 '전기'에 대한 추억이 있다. 아마 취학 전으로 기억한다. 저녁에 밥을 먹고 있을때 갑자기 정전이 되어 암흑 천지로 변함에 크게 무서워 운 적이 있었는데 그 때 어머니가 전기도 자기 집에서 밥먹고 온다고 말하였다.
그리고 한참 후에 다시 밝아졌을 때 참 좋아했다. 또 옛날 어른들은 전기에는 여자 전기와 남자 전기가 있는데 여자 전기가 무섭다라는 말을 하였다. 지금 생각하면 '여자전기'가 교류(AC)인 것이다. '사물의 간결화'에 대해 말하면 고인이된 현대 창업주 정주영 회장이 남긴 말이 생각난다.
초창기 자동차 산업 진입을 선언할 때 모두 우려섞인 여론이 비등하였다. 이때 정회장이 한 말은 "그것 자동차 철판으로 자동차 모양 만들고 여기에 엔진 넣으면 된다" 과연 간결화의 끝판왕이다. 된사람, 든사람, 난사람 중 난사람다운 발상이라고 여겨진다. 솔직히 말해 딱히 틀린 말도 아니다. 사물의 간결화 관점에서 '전기안전'을 보면 1. Lo To 2. 접촉 이 2개로 종결할 수 있다. 이는 앞서 기술한 '가장 간단하다'의 근거가 된다.
Lo To하고 충전부에 접촉하지 않으면 끝이다. 그리고 화공안전 같이 사회재해로 변할 확률도 아주 낮다. 그 다음으로 한 가지 이야기를 하면 전기공학부 학생들이 수학과 전공필수과목을 수강한다. 여타 공학 학문 중에서 이 '전기'가 수학과 밀접한 관계가 있다.
퍼지이론(fuzzy theory)을 전기쪽에서 활용하고 제품화하는 사례를 보았다 전기와 수학은 사촌관계 같은 이유이다. 기계공학에는 '재료역학' 토목·건축과는 '구조역학'이라는 과목이 있다면 전기에서는 '전기이론'이 있는데 전기과에 다니는 친구의 말에 의하면 그 수업이 수학시간이라고 할 정도로 수학적 베이스가 중요하다고 했다.
이렇게 전기안전을 위해 깊게 파고 들면 '수학'이라는 벽때문에 '어렵고 복잡하다'는 표현을 했다. 그렇다고 우리 '안전'하는 사람은 결코 '전기'를 포기할 순 없다. 왜냐하면 산업현장에서 마치 약방의 감초처럼 존재하기 때문이다.
앞서 언급한 '1. Lo To 2. 접촉'이 두 가지를 몸이 기억할 정도로 체득해야 한다는 사실을 망각하지 않으면 된다.

④-4 공종별 안전 알아보기

공종별 안전에서는 앞서 기술한 기계, 건설, 전기, 화공안전에 통섭하며 보아야 한다.

④-4-1 비계작업

먼저 '비계' 대한 기억내지 추억을 소개하고자 한다. 어린시절 항상 동네 공터에 가면 통나무를 이용하여 인디언들의 원뿔형 천막같이 세워 놓은 곳이 많았다.

그 속에서 놀던 기억이 있다. 더운 날씨에는 참 시원했다. 이 통나무가 바로 통나무 비계이며 반생이(철사종류)를 사용하여 비계를 설치한다. 어린시절 '신작로'라는 도로에서 자동차 구경이 놀이이며 또 조금 성장한 때에는 집 짓는 공사장이 많이 있었어 이 광경을 동네 사람들과 함께 지켜본 기억이 있으며 이때 어렴풋하게 '비계'를 잠잘때 쓰는 '베개'로 알아듣고 참 의아했던 추억도 있다. 그 의문증은 중학교에 진학하여 한자를 공부하면서 '비계'는 바로 이 '飛階'인 것을 알고 의아함이 풀렸다. 그럼 이제 비계작업을 살펴보면

1. '가설'이라는 단어 2. 항상(설치 후) 유지관리, 점검이 필수라는 것 이 두 가지로 비계작업 공간에서의 '안전'이 성큼 다가 온다. 우리 산업안전보건법 등에서도 이 "가설(假設)" 즉 임시로 설치한 것이라는 의미 때문에 항상 불안전 요소가 상존한다. 인간공학의 인체계측 자료로 수많은 수치들이 난무한다. 꼭 이런 수치를 완벽하게 암기하였다고 '안전'이 달성되었다고 착각하면 안된다. 또 이 암기한 수치를 무기삼아 주객이 전도되는 생각 즉 비계작업자들을 겁박(?) 압박(?)하는 지적질을 마구마구하는 일명 "안전훼방꾼(?)"이 되는 자충수를 두지 말자.

그다음 설치한 다음 농부의 발걸음 소리를 듣고 자라는 벼처럼 철저히

안전점검을 하여야 한다.
 1. 발판재료의 손상여부 및 부착 또는 걸림 상태
 2. 당해 비계의 연결부 또는 접속부의 풀림상태
 3. 연결재료 및 연결 철물의 손상 또는 부식상태
 4. 손잡이의 탈락여부
 5. 기둥의 침하, 변형, 변위 또는 흔들림 상태
 6. 로프의 부착상태 및 매단장치의 흔들림 상태 이와 같이 산업안전보건법 등에 명기되어 있다.

앞서 기술한 점검 3대 착안점을 연상하며 점검 작업을 수행하면 보다 더 효율적이라 생각한다. 머리속으로 시뮬레이션을 돌리며 하는 것도 하나의 방법이 된다.

저의 경험으로 학창시절 암기과목을 시험볼 때 생각나지 않는 것은 "시험공부할 때의 이미지"를 시뮬레이션 돌리면 기억이 재생되어 정답을 고른 적이 있다.

4-4-2 밀폐작업

'밀폐' 이 말의 의미를 파악하고 접근하는 것이 조금더 유리하다 세상의 모든 길(이치)는 "모든 길은 로마로 통한다"라는 말 처럼 그 근원 또는 통섭 능력을 정말 잘 이해하면 거의 절반이상 알고 시작하는 것과 같다.

"密閉"이며 샐틈이 없다. 즉 사방이 막힌 상태의 뜻이다. 고소공포증, 폐쇄공포증 등등 인간에게는 다름의 공포증이 존재한다. 폐쇄공포증이 있는 사람과는 상극인 밀폐작업이다. 여기서 잠시 호기심을 유발 시키고자 한다. 인천대교, 63빌딩 등등 이런 구조물(빌딩)의 무게를 가늠할 수 있을까? 또 무게를 상상할 수 없는 것을 땅 또는 바다에 설치할 때 과연 이런 것들을 어떻게 지탱할까? 그 방법은 통상 직경 1.5~2m 또는 그 이상의 말뚝을 수십개에서 수백개를 땅속 또는 바다속에 설치하고 그 위에 이런 구조물(빌딩)

을 만드는 방법으로 세워진다.

위 세워진 말뚝은 최소 30m 이상 깊이에 위치한 암반층에 설치해야 어마어마한 구조물(빌딩)을 지탱한다.

상상해 보자

직경 1.5~2m 길이 30m 이상이며 여기에 지하수로 있는 공간 한마디로 밀폐공간의 최고봉이다.

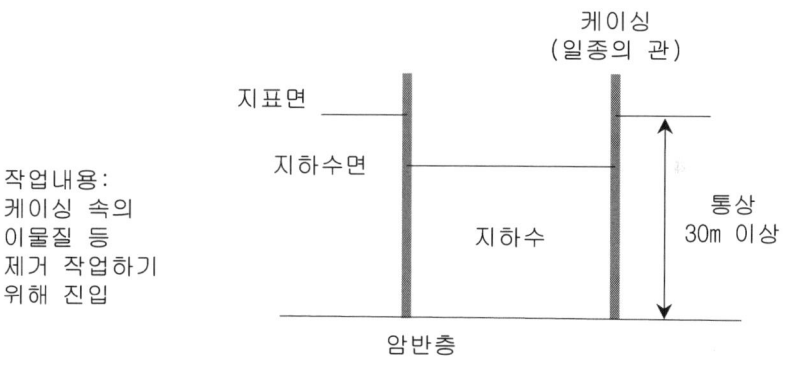

이 공간에서 작업하는 사람 참 대단하다고 생각한다

(이런 사람의 노고에 감사하는 마음)

이상과 같이 고위험 작업인 관계로 산업안전보건법 등에서는

1. 산소농도의 범위가 18% 이상 23.5% 미만
2. 탄산가스의 농도가 1.5% 미만
3. 일산화탄소의 농도가 30ppm 미만
4. 황화수소의 농도가 10ppm 미만

이상과 같은 가이드라인을 제시하고 있다. 또 각 사업장의 규정설정은 이보다 강화된 요건을 요구하고 있다.

밀폐 작업의 안전작업 요체는 바로 작업전·중 위와 같은 요건을 확인, 측정하는 것이다.

④-4-3 고소작업

이 작업은 비계작업과 함께 '추락' '낙하'의 재해에 대비해야 하는 대표적인 공종이다. 여기에서 산업안전보건법 등에서 규정한 것으로 환원하면 '떨어짐', '맞음'이다. 그러나 혼용하는 경우가 많다. 간결하게 구별하는 방법은 '상태·행동'의 관점으로 보면 된다. 학창시절 국어시간에 배운 "~하다"의 활용으로 이해하면 쉽다.

고소작업 즉 '높은 장소에서 일하다'로 풀이 할 수 있다. 왜! 고소작업은 위험한가 이것은 '높은 장소'라는 키워드로 함축하여 생각하면 된다.

여기에는 두 가지 요인이 있다. 1. 심리적 요인 2. 물리적 요인이며 군대에서 유격, 공수 훈련때 인간이 가장 공포심을 느끼는 높이 '11m' 바로 그 공포심이 위험요인이다. 인간이 공포를 느낀다는 것은 불안전하다 불안하다는 심리적 전제요인이 깔려 있다.

이런 것들을 안전요인으로 즉 생명줄, 안전대 등으로 상쇄시키는 것이다.

여기에서 호기심을 유발시키면 비행기 보다 가벼운 '나'는 왜 하늘을 날지 못할까?

즉 <그림1>과 같이 4가지 힘이 작용하며 이런 원리로 인해 '비행기'라는 명칭을 얻게 된다.

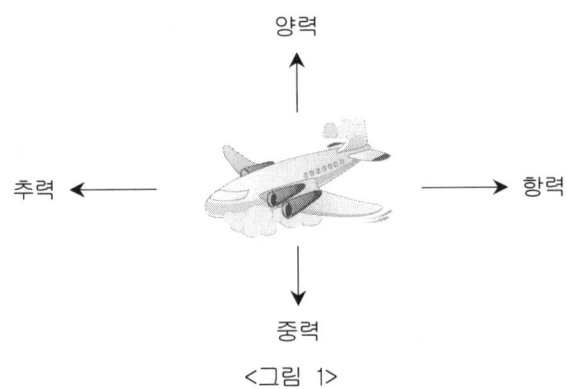

<그림 1>

구분하면 (+)힘이 추력, 양력이고 (-)힘이 항력, 중력이 된다.

앞서 기술한 2. 물리적 요인이 중력이다. 여기서 물리적으로 한번 더 생각하면

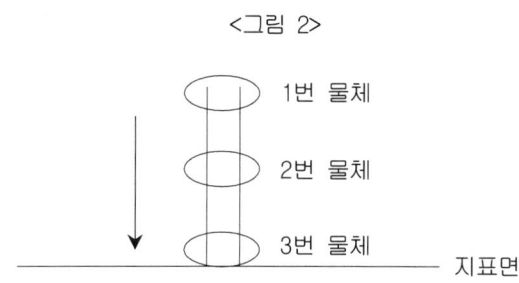

<그림 2>

<표 1>

	1번 물체	2번 물체	3번 물체
위치에너지	10	5	0
운동에너지	0	5	10
총에너지	10	10	10

운동에너지와 위치에너지를 제시할 수 있다.

〈그림2〉의 3개의 물체간의 총에너지를 〈표1〉처럼 운동에너지, 위치에너지 간 차이는 있어도 그 총에너지는 동일함을 나타내고 있다. 〈표1〉에 나타난 에너지를 이용하여 전기를 만드는 것이 양수 발전소 또는 낙수 발전소라 칭한다.

작업자가 높은 장소에 존재하는 것 자체가 전기를 생산할 만큼의 큰 에너지를 가지고 있음을 발견할 수 있다. 여기에 더하여 높은 장소에서 경작업내지 중작업을 하고 있으니 더욱더 위험 요인을 가지고 있다.

이런 것들을 '안전작업변수관리'로 안전화시키는 것이 우리 '안전'하는 사람의 사명이라 생각한다.

④-4-4 용접작업

'용접'하면 가장 먼저 떠오른 것이 처음 용접실습시간에 '일명 아다리'가 생겨 며칠 고생한 기억이 생생하다. 또 한번 나쁜 추억은 용접 후 슬래그(일명 용접똥) 제거하다. 슬래그가 비산하여 눈동자에 박혀 개고생한 일이 있어 정말 이 '용접'과 악연이라 생각한다.

안전보호구(보안경등) 착용의 중요성을 몸으로 느꼈다. '용접작업'에 위험이 항상 내재된 이유는 후행작업, 선행작업이 필요하다는 것이다. 용접대상인 재료에 따라 그 위험성이 변화할 수 있지만 기본적인 위험요인 바로 '불꽃비산' '전기' '화학물질(가스 등)' 수반되는 요소들이 모두 위험요인이다. 그리고 용접하는 장소에 따라 여기에 위험요인이 추가된다.

밀폐공간, 고소공간, 위험물저장공간 등등 또 기상조건에 따라 위험요소가 증가한다.〈표1〉참조

<표 1>

구분		선행작업	후행작업	위험관리 착안점	위험요인	예상 재해발생 형태	안전화 방법
장소	위험물	Leak확인 산소농도측정등	화기감시작업	Lo To	누출사고	폭발	인화가스측정
	고소	×	화기감시작업	중력(균형)	떨어짐	떨어짐·맞음	안전대착용
	밀폐	환기작업 산소농도측정 등	화기감시작업	흡입	유해가스 등 흡입	산소결핍 질식	송기마스크 등 착용
재료	강철	그라인더 작업	슬래그 제거작업 강철, 아크만 해당 화기감시작업	흡입(접촉)	비산물 흡입	유해, 위험 물질 노출 접촉	보안경 등 착용
	pvc	환기 세척	화기감시작업	흡입	유해가스 등 흡입	유해, 위험 물질 노출 접촉	방독마스크 착용
	pe	환기 세척	화기감시작업	흡입	유해가스 등 흡입	유해, 위험 물질 노출 접촉	방독마스크 착용
기상 조건	우천 등	방수작업	×	접촉	전기 등 접촉	감전	절연장갑착용
	바람	방풍작업	×	중력(균형)	낙하·비래	맞음	보안경, 안전모 착용
열원	아크	그리인더작업	화기감시작업 슬래그 제거작업	접촉	유해물질접촉	유해광선노출	보안경 착용
	알곤(TIG) 등	×	화기감시작업	Lo To	가스 등 누출	폭발·화재	인화가스측정

주기: 1. 4개 위험관리 착안점(Lo To, 접촉, 흡입, 중력(균형))

2. 세척에 프라이머작업포함

3. 일반, 위험, 고위험 참작하면 변동가능

4-4-5 지게차 작업

'지게차'라는 것에 대해 살펴보면 '혼재화, 중첩화'로 요약할 수 있다.

들어가기전 '사주경계'에 대해 알아보자

그 목적은 후행하는 부대(전우) 목숨을 지켜주는 것이다. 정말 막중한 임무임에 그 중요성 또한 두말할 여지가 없다.

四周警戒 즉 사방을 두루 경계한다는 뜻이다. 이는 지게차 작업에 필요한 명언이라 할 수 있다. '혼재화': 지게차가 여타 장비, 기계에 비해 위험한 것도 이 '혼재화' 때문이다. 인력운반 작업(파렛트 작업 등)에 투입된 인원과 혼재하여 수행하는 일들이 많다. 그리고 '중첩화': 이렇게 혼재된 상태에서 또 각 동선들이 중첩될 수 밖에 없다.

이에 대한 대책으로 앞서 말한 '접촉'의 착안점으로 작업구역설정, 통제(유도)원, 신호수 배치 등의 안전대책이 요구된다. 사고(재해) 사례에도 후진하는 지게차(약칭: F/L)에 '발등골절' 당하는 경우가 많다.

잠깐의 방심(F/L 기사, 통제(유도)원)으로 순식간에 사고가 발생한다. 추가하여 지게차 전도로 인한 *荷物*(하물) 등 낙하, 작업공간주변의 물체가 낙하하여 F/L 기사 가해사고가 발생한다. 이에 산업안전보건법등에서 규정하고 있다.

1. 지게차 안정도

하역시, 주행시로 구분하여 지게차 전후, 좌우로 살펴보면 된다.
하역 작업시 전·후 안정도 4% 이내(5t 이상 3.5%)
주행시 전·후 안정도 18% 이내
하역 작업시 좌·우 안정도 6% 이내
주행시 좌·우 안정도 (15 + 1.1v)% 이내
최대 40% (v: 최고속도 km/h)

〈도식〉 안정도 = $h/\ell \times 100\%$

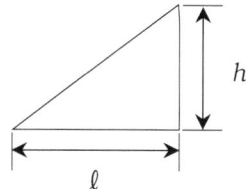

2. 헤드가드, 백레스트

이는 F/L 기사의 안전을 위한 방호장치로 헤드가드는 최대하중의 2배 (4ton 넘는 값에는 4ton)의 등분포정하중(等分布靜荷重)에 견디는 강도를 요구하는 규정이 있으며, 마스트 위쪽으로 荷物(하물) 전도를 방지하는 백레스트 설치를 규정하고 있다.

3. 속도와 시야각

속도가 높을 수록 시야각이 좁아진 이유로 인해 '사내 제한속도'로 규정하고 있다. 위에 언급한 규정외에도 수많은 지게차 관련규정이 있다. 작업 시작전 점검 등등 한마디로 이 '지게차 등' 이것은 '안전'하는 사람에게는 항상 주시하여 하는 대상물이다 현장 투입되는 F/L 기사가 초보인지 경험자인지 판별하는 가장 간단한 방법은 일명 '지게발 넣는(쑤시는) 동작 스킬'만 보아도 알 수 있다. 작업자, 통행자, F/L 기사 숙달도, 보행자 등등 "방심은 바로 사고"라는 마음가짐으로 안전주시해야 한다.

Ⅳ-4-6 로봇 작업

어린시절 '김청기 감독의 로봇태권V'라는 만화영화를 동생과 함께 영화관에서 보았던 기억이 있다. 참 재미있었다는 말과 그 당시 거의 모든 또래의 친구들도 보았다.

'로봇'이라는 미지의 물건(?) 신기하고 먼 미래의 물건이라고 생각하였다. 또 하나의 기억이 있다. "육백만불의 사나이"라는 외화다. 이건 TV가 있는 방에서 온 가족이 모여 시청하였다. 그리고 제목은 기억나지 않지만 로봇이 '인간'을 지배하는 공상과학 영화도 있었다.

이땐 '로봇'이 공포의 대상으로 우리에게 다가온다. 그런데 이런 '로봇'이 우리의 눈앞에 있다. 생활, 산업현장, 군대 등등 다가오는 미래에는 로봇이 우리와 떨어질 수 없는 존재가 될 것이다. 현재 '스마트폰'과 우리라는 관계에서 '스마트폰'과 같은 위치에 놓이게 될 것이다.

'산업로봇'에서는 우리나라가 전 세계에서 가장 높은 보급률을 지키고 있다. 그렇다면 '안전'이라는 관점에서 보면 앞서 언급한 "Lo To, 접촉, 중력(균형)" 중에서 'Lo To, 접촉'이라는 카테고리로 살피면 '로봇'도 프로그래밍이 가능한 기계라고 인식하면 된다.

여기에 "매니퓰레이터" 즉 '로봇팔'의 존재가 위험요소로 추가된다.

'대상의 간결화'라는 측면에서 로봇 작업은 '수리・검사・조정・교시・청소・급유・결과' 확인작업 할때 안전절차로 로봇도 그 동력원이 '전기'이기 때문에 'Lo To'의 실행이다.

앞서 언급한 위험요소 "매니퓰레이터"의 방호대책으로 '안전매트, 방호울(1.8m 이상)' 설치가 요구된다.

또 산업안전보건법 등에서도 로봇 작업의 안전작업지침으로 1. 로봇의 조작방법 및 순서 2. 작업중의 매니퓰레이터의 속도 3. 2인 이상의 근로자에게 작업을 시킬때의 신호방법 4. 이상을 발견할 때의 조치 5. 이상 발견후 정지 시킨 후 또는 예상못한 작동 또는 오작동 때의 위험방지 조치가 명기되어 있다. 어떤 물건, 장치, 기계 등 이라도 그 원리(근원)을 파악하고 접근하면 쉽게 이해할 수 있다.

그런 차원에서 우리 '안전'하는 사람도 항상 공부하는 습관이 요구된다. 약칭하여 '산・안・법'도 법이다.

법의 사이클(생성·지속·도태)이 존재한다. 입는 로봇(웨어러블) 등등 새로운 로봇체계 등장에 대비한 '산·안·법' 등의 변화도 필요하다.

④-4-7 양중/하역 작업

이 작업은 크레인(약칭: C/R), 지게차 등, 콘베어, 기타 장비로 이루어지는 작업이 주를 이룬다. 양중/하역 작업의 대표적 장소로 항만(부두)에서의 작업이라 할 수 있다.

사극에 등장하는 장면: 정박한 배에서 작업자들이 어깨로 물건을 옮기는 모습을 상상할 수 있다.

근·현대에서도 '부두노무자'라 하여 이들이 인력운반작업을 했다. 이제는 물류의 혁명이라 말할 수 있는 '콘테이너(약칭 con't)'의 등장이 이런 작업환경을 변화시켰다.

또 '콘테이너'로 인해 기계화가 가능하게 되었다. 이것을 적치·운반할 때 사용되는 장비가 '탑핸들러(top handler)'다.

한 사례로 40피트콘테이너(40″ con't) 운반 작업 중 '콘테이너콘'의 불합리로 낙하한 사고를 기억한다.

이 '콘테이너콘'은 우리가 익히 알고 있는 '샤클'과 같은 쓰임새로 사용된다. 여기 우리의 머리에 기억된 수학공식이 등장한다.

〈도식1〉 와이어로프 한가닥에 걸리는 하중

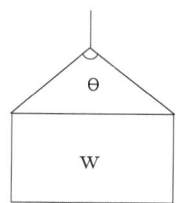

하중$[kg_f]$ = $\frac{w}{2} \div \cos\frac{\theta}{2}$

w: 매단 물체의 무게$[kg_f]$
θ: 매단 각도[°]

〈수식2〉 와이어로프에 미치는 총 하중
총하중(w) = 정하중(w_1) + 동하중(w_2)

$\qquad\qquad$ = $w_1 + (\frac{w_1}{g} \times a)$

정하중: 매단 하중$[kg_f]$
g : 중력가속도(9.8m/s²)
a : 가속도(m/s²)

〈도식3〉

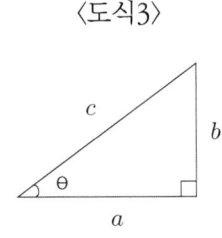

$\cos\theta = \frac{a}{c}$, $\tan\theta = \frac{b}{a}$, $\sin\theta = \frac{b}{c}$,

〈도식1〉, 〈수식2〉와 같다.
$\quad$경험 많은 작업자(작업반장)들은 이런 이론을 무시 할 수 있지만 우리 '안전'하는 사람들은 기본적인 배경지식을 구비해야 한다고 생각한다.
$\quad$모두 알고 있지만 섭렵한다는 의미로 〈도식3〉과 같이 이해(팁)하면 쉽다.
$\quad$이번 양중/하역 작업은 접촉, 중력(균형)의 카테고리로 접근하면 좀 더 정확하게 안전작업변수관리가 될 수 있다.

④-4-8 안전장치

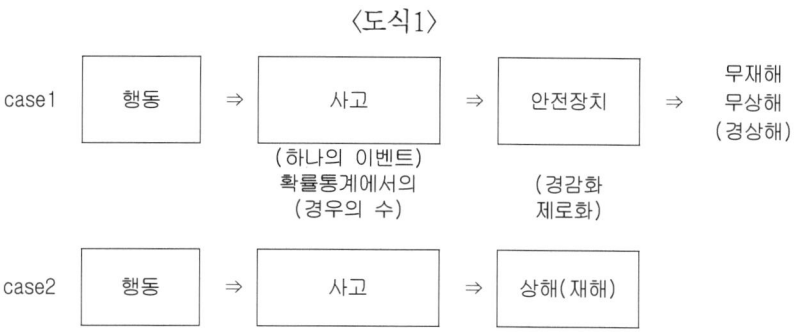

작업현장에 사용되는 시설, 장비 등에는 반드시 이 '안전장치'가 설치되어 있다. 산업안전보건법등에서 그 설치를 강제하고 있다. 가령 보일러에서 '안전밸브 등'의 안전장치 부착없이 진열, 임대, 대여, 판매 등의 행위를 못하게 하고 있다. 그리고 이 '안전장치' 불합리 발생시 보고의무와 즉시 조치(수리등)의무를 산업안전보건법 등에서 규정하고 있으며 작업중지 요구권도 부여하고 있다. 예전 사고재해 사례로 프레스 작업자들이 단지 작업 편의성 때문에 이 '안전장치'를 해체(무력화)하고 작업하다 재해가 발생한 적이 많았다.

작업자들에게 '안전장치'가 자신의 몸을 지킬 최후 보루라는 인식이 각인될 수 있도록 우리 '안전'하는 사람의 교육이 중요하며 이를 체화(體化)시킬 의무가 있다. 교육에는 지식교육, 태도교육, 기능교육 모두 요구된다. 이 교육시킬 의무도 산·안·법 등에 명시되어 있다.

④-4-9 화기 작업

연소의 3요소 산소, 가연물, 점화원이 있다. 즉 3개의 요소 중 1개의 요소제거로 연소를 막을 수 있다. 그래서 이 화기작업에서는 1개의 요소 즉 "점화원" 이 점화원의 제거, 관리, 통제, 격리 등으로 귀결될 수 있다.

인류 역사에서 바퀴의 등장과 함께 '불의 발견' 이 '불(火)'로 인해 진일보한 문명이 형성, 발전하였다. 학창시절 교과서에서 본 그림이 연상된다. 그림 내용은 한 원시인이 땅에 앉아 불꽃을 만들기 위한 행동(모습)이다.

즉 '마찰'을 이용하여 불꽃을 발생시킨다. 가끔씩 주유소에서 발생한 화재도 살펴보면 '정전기, 유증기'가 점화원이 되어 발생한 재해라 할 수 있다.

그렇다면 이 화기 작업을 점화원 발생시키는 작업, 점화원될 기기 사용작업, 이 두 가지로 정의할 수 있다. 이 맥락으로 살펴보면 용접, 절단, 용단, 연마, 융착, 천공, 드릴 등등 여러 형태로 존재한다.

접촉, Lo To 이 2개의 키워드로 접근 가능하다. '접촉'의 관점에서 우리는 "이격거리(11m) 유지"라는 방법이 있으며 'Lo To'의 관점으로 화기 감시인 배치를 제안할 수 있다.

만약 '안전'하는 사람이 이런 기본적 베이스를 배양하지 않고 화기 작업의 안전작업변수관리한다는 것은 말도 안되는 행위라 생각한다.

④-4-10 중량물 작업

먼저 '중량물'이라는 것의 정의를 알아보자.

산·안·법 중에서 "5kg 이상의 물건"이라 명시하고 있다. 그렇다면 중량물 작업은 이 '중량물'에 형태상, 위치상 성상변형(화)을 주는 행위라 할 수 있다. 이 중량물 작업은 여타 다른 작업보다 그 연원이 길다. 원시시대부터 봉건제 시대 그리고 근·현대를 관통하는 작업으로 인간이 하는 원초적 행위(작업)이다.

그런 의미로 보면 '안전'하는 사람에게는 항상 주시해야 하는 작업으로 인식해야 한다. 실례로 화학공장에서 파이프 교체작업 할 때 플랜지 연결하는 공정에서 플랜지 등에 손가락 끼임사고가 발생하였다. 이렇게 각 작업별, 공정별로 중량물 작업이 상존하므로 이에 대한 안전작업변수관리가 중요하다. 건설의 석축공사 현장에서 아직도 근·현대 이전의 작업방식이 이용된다. 바로 '목도질하다'의 동사형에서 이 '목도질'은 두 작업자가 어깨를 이용한 중량물 이동 방식이다.

사극이나 근세 부두노무자들이 작업하는 모습이 상상된다. 현대에서 모든 작업이 전산화, 기계화, 자동화 등의 방향으로 진행하고 있지만 21세기 원시산업 '건설'에서 가장 많이 상존하는 것이 중량물 작업이다.

저의 개인적인 주장, 의견이지만 '안전관리' 연원을 1930년대 미국에서 찾고 있다. 그러나 우리 역사에서 '안전관리'는 조선의 르네상스 시대라 칭하는 영·정조 시대의 정조대왕의 화성프로젝트에서 '수원성 공사'에 등장하는 '임금노동자' 개념이 사실로 존재하였다. 이 '수원성 공사'에 투입된 사람, 자재 등이 세세한 기록으로 존재한다. 정약용이라는 인물의 '거중기'도 등장하고 있다.

아무튼 '안전'에 관심이 있고 깊게 공부하고자 하는 사람에게 이 '수원성 공사'에 관련된 사료를 연구할 것을 권하고 싶다.

중량물 작업 관련된 안전서류를 첨부합니다.

〈첨부〉〈안전작업 상신서〉

1. 업체명: ○○○○
2. 작업위치: ○○○○ 기계실
3. 작업내용: ○○○○ 역장착 작업
4. 작업주시 기간: 2022.10.24 ~ 10.31, 11.14 ~ 11.18 (총 11일)
5. 작업내역:
    - 1기당 ○○○○ 갯수: 5×3×9=135EA
    - 1기당 파지(把指) 운반이동 횟수: 135×2=270회(장·탈착시)
6. 작업상황(작업위험점: H.P)

흐르는 물기가 상존하는 ○○○○을 상기 5항과 같이 작업진행함에 따라 작업 피로도 및 떨어짐(미끄러짐)이 발생할 위험이 있음.

7. 안전작업 지시 및 요구사항

〈안전한 파지(把指) 운반이동법〉

① 발을 안정적으로 벌림
② 무릎을 이용하여 들어올림
③ 신체부위(가슴 등)에 말착하여 (이용하여) 안정적으로 파지(把指)
④ 전달받는 작업자가 안전하게 파지할 때까지 지지한다.

8. 상신 사유

상기 7항, 4항과 같이 안전한 작업을 성실히 수행함에 작업자들에게 "(안전작업)칭찬합니다(박수3회)"를 상신합니다.

2022. 11. 21
(주)○○○○ 홍길동

④-4-11 화학물질 작업

영원한 생명을 추구한 중국 진시황제가 죽은 이유는 바로 '수은 중독'이라는 설이 있다. 불로장생이라는 명분으로 하는 수 많은 약들이 모두 '수은'이 함유되었을 것으로 추측된다.

그 이후 '연금술사'의 명칭으로 존재하였다. 인류가 아직 발견하지 못한 화학연소, 그리고 존재하는 화학물질들 또한 성분성상이 다양하다. 제조회사에서 소위 '영업비밀'이라는 명분으로 불분명한 화학물질이 함유된 제품들도 있다. 이와같이 '화학'이 우리 생활, 역사에 항상 함께 하였다.

'울산'이나 '여수'가 우리나라 대표 장치 산업의 요람이다. 우리나라가 공업화 하면서 울산지역의 '태화강'이 화학물질로 인해 일명 '똥강'이라는 오명으로 불려진 적도 있다. 이 화학물질 작업은 '산업재해와 사회재해'로 발생하면 다른 재해보다 피해가 크다. 이런 재해의 기본이고 근원적 원인 중 하나라 하면 'Lo To 불이행'을 지목할 수 있다.

그러면 산·안·법 중에서는
1. 폭발성 물질 및 유기과산화물
2. 물 반응성 물질 및 인화성 고체
3. 산화성 액체 및 산화성 고체
4. 인화성 액체
5. 인화성 가스
6. 부식성 물질
7. 급성 독성물질 로 규정하고 있다.

이런 물질들 중 작업공정에서 사용되는 물질을 MSDS(material safety data sheet)로 정리하여 근로자에게 교육할 의무를 산·안·법에서 강제하고 있다. 이런 MSDS도 앞서 언급한 '영업비밀'로 한계점이 있지만 우리 '안전'하는 사람은 MSDS 16개 항목 중 '제8항 개인보호구'를 잘 확인하는 절차가 필요하다.